吴良镛 · 主编

哲匠遗珠

刘敦桢 · 著

图书在版编目（CIP）数据

哲匠遗珠 / 刘敦桢著 . -- 北京 : 中国文史出版社，2018.6

（文史存典系列丛书 . 建筑卷）

ISBN 978-7-5205-0174-3

Ⅰ . ①哲… Ⅱ . ①刘… Ⅲ . ①古建筑—中国—文集 Ⅳ . ① TU-092.2

中国版本图书馆 CIP 数据核字（2018）第 053680 号

出 品 人：刘未鸣　　责任编辑：窦忠如　张蕊燕

策 划 人：窦忠如　　责任校对：程铁柱

装帧设计：润一文化　　实习编辑：孟凡龙　王　丰

出版发行：中国文史出版社

社　　址：北京市西城区太平桥大街 23 号　邮编：100811

电　　话：010—66173572　66168268　66192736（发行部）

传　　真：010—66192703

印　　装：廊坊市海涛印刷有限公司

经　　销：全国新华书店

开　　本：720 毫米 ×889 毫米　1/16

印　　张：17.25

字　　数：222 千字

版　　次：2018 年 7 月北京第 1 版

印　　次：2018 年 7 月第 1 次印刷

定　　价：75.00 元

《文史存典系列丛书》学术顾问委员会

（按照姓氏笔画排序）

出版说明

中华民族历史悠久，文化源远流长，各个领域都熠熠闪光，文史著述灿若星辰。遗憾的是，“五四”以降，中华传统文化被弃之如敝屣，西风一度压倒东风。“求木之长者，必固其根本；欲流之远者，必浚其泉源。”中华优秀传统文化是中华民族的精神命脉，也是我们在激荡的世界文化中站稳脚跟的坚实根基。因此，国人需要文化自觉的意识与文化自尊的态度，更需要文化精神的自强与文化自信的彰显。有鉴于此，我社以第五编辑室为班底，在社领导的统筹安排下，在兄弟编辑室的通力合作下，在文化大家与学术巨擘的倾力襄助下，耗时十三个月，在浩如烟海的近代经典文史著述中，将这些文史大家的代表作、经典等遴选结集出版，取名《文史存典系列丛书》（拟10卷），每卷成立编委会，特邀该领域具有标志性、旗帜性的学术文化名家为主编。

“横空盘硬语，妥帖力排奡。”经典不是抽象的符号，而是一篇一篇具体的文章，有筋骨、有道德、有温度，更有学术传承的崇高价值。此次推出第一辑五卷，包括文物卷、考古卷、文化卷、建筑卷、史学卷。文物卷特请谢辰生先生为主编，透过王国维、傅增湘、朱家溍等诸位先生的笔端，撷取时光中的吉光片羽，欣赏人类宝贵的历史文化遗产；考古卷特请刘庆柱先生为主编，选取梁思永、董作宾、曾昭燏先生等诸位考古学家的作品，将历史与当下凝在笔端，化作一条纽带，让我们可以触摸时空的温度；文化卷特请冯骥才先生为主编，胡适、陈梦家、林语堂等诸位先生的笔锋所指之处，让内心深处发出自我叩问，于夜阑人静处回响；建筑卷特请吴良镛先生为主编，选取梁思成、林徽因、刘敦桢等诸位哲匠的作品，遍览亭台、楼榭、古城墙，感叹传统建筑工艺的“尺蠖规矩”；史学卷特请李学勤先生为主编，跟随梁启超、陈寅恪、傅斯年等诸位史学大家的笔尖游走在历史的长河中，来一番对悠悠岁月的探源。

需要说明的是，限于我们编辑的学识，加之时间紧促等缘故，遴选的文章未必尽如人意，编选体例未必尽符规律，编校质量未必毫无差错，但是谨慎、认真、细致与用心是我们编辑恪守的宗旨，故此敬请方家不吝指谬。

中国文史出版社

2018年4月16日

目录

略述中国的宗教和宗教建筑

这是两个在历史文化和建筑上极为重大而且涉及面甚为广阔的学术问题，不可能在短短的时间里讲清楚。在这里我只能作一点提纲性的介绍，以供大家工作参考。

一、首先要谈一谈宗教的起源和中国宗教发展的简况

有关宗教的含义可以从广义和狭义两个方面来理解和讨论。广义的指始于人类早期的原始迷信，主要是崇拜自然物（山、川、海洋……）

和自然现象（风、雷、地震、海啸……）。有些对象还被形象化了，就成为图腾。随着社会的进化，又由原始崇拜逐渐产生了宗教。狭义的就是指这后来出现的宗教。但它必须具有几个要素：首先，它要有明确的教义。其次要有一定的宗教组织和相关的仪式。最后，还要有阐明教义的经典。因此，二者不可混为一谈。然而无论是原始崇拜还是正式的宗教，在它们形成和发展的过程中，都会产生一些相互影响，并出现一些与之相关的艺术和文化，例如建筑、音乐、舞蹈、绘画、塑刻等。只是其程度与水平存在着较大的差别罢了。

中国的宗教又是怎样发展起来的呢？在人类社会和文化最初发达的地区，例如埃及、两河流域、印度和中国，都是以农业生产为主的。因此，给农业丰收带来最大影响的太阳、江河和土地等天地之神，就成为人类最早和最主要的崇拜对象。而那些带来歉收和破坏的洪水、地震、山崩、海啸……则是人们所深感畏惧而不得不屈从的神祇。除了这些，先民崇拜的还有火、生殖器官等等，因为它们也会给人类带来昌茂和繁盛。而自然界中的若干凶禽猛兽，如狮、虎、熊、巨蟒、鳄鱼……往往也成为膜拜对象，有的还成为某些部族的象征，并转化为图腾或族徽。总的来说，从事农业的先民所崇拜的对象似乎比从事游牧的先民要多一些，这大概是由于二者的生产劳动有所差异的缘故。而原始先民的上述多种崇拜，也导致了日后宗教所形成的多神现象。

原始崇拜必然要有它们的崇拜仪典，包括乞求神灵的祈祷和预测未来的占卜，还有就是要有主持和掌握仪典的执行者。人类的早期社会属于母系社会，由妇女执掌着部族的大权。因此原始宗教的祭祀也必然由妇女掌握，这就是巫。根据中外历史考证，女巫有着至高无上的神权，这一传统直到奴隶社会中还继续存在，如埃及和古罗马。在中国，现知从汉代到唐、宋一直都是女巫，宋以后才出现男巫。它表明了这种古代习俗衍延的久长。

中国正式宗教的出现大概是在东汉。佛教虽早创于印度，但在东汉明帝时才传来洛阳，并建造了中国首座佛寺白马寺。但当时佛教仅在上层统治阶级间传播，僧人是番僧，佛寺也是天竺制式。到了东汉末年，佛教才开始在民间流行，寺院也逐渐中国化。例如笮融在徐州建造的浮屠祠（当时官署称“寺”，宗教建筑称“祠”）。到南北朝时，佛教才得到真正的大发展，以后竟成为“国教”，经唐、宋直至明、清不衰。它的成功，除了历代统治者大力推广外，其教义的简明和易为广大民众接受，则是其成功的最大原因。

中国的第二大宗教是道教，它的起源应是从原始社会就存在的巫，传统的施法、驱鬼，再加上后来的五行、阴阳之说，是它的主要内容，但在汉代它还未形成正式的宗教。即使是东汉末年黄巾起义时所出现的太平道和五斗米道，都只是道教的雏形，还是离不开巫术的范畴，虽渗入了一些阴阳之说，并未形成什么正规的教义。后来知识分子将老子李耳附会为道家的始祖，东晋时又增添了黄老之说，才有了正式的教义。再吸收了佛教的组织形式和宗教仪式，因此道教的正式成立，应当在东晋以后。由于是出于土生土长，道教一直自称是中国的正统宗教，从而极力反对一切外来者，因此历史上也出现过多次佛、道之争。但由于道教本身的种种缺点，以及在民间难以普及，最后终于处佛教之下风。

伊斯兰教又称回教，是中国的第三大宗教，它何时传入中国，众说纷纭，莫衷一是。其大致时间应在唐朝。陆路是经由西域传到长安。海路则由波斯等地传到我国的广州、泉州一带，但范围仅及于沿海地区。当时来到我国的伊斯兰教徒主要是经营商业，运来非洲的象牙、香料和西亚的工艺品，运走中国的瓷器和丝绸，传布教义尚在其次，这和佛教完全不同。及至元代，蒙古人先曾征服西亚和中亚，并带来大量信奉伊斯兰教的色目人。当时对外的海运也很发达，来华经商的人更多，所至地域也逐渐深入内地，如江苏的扬州，就是当时他们在华较为集中的城市之一，现在还留下了伊斯兰礼拜寺和墓地。由于通商、通婚，交往日益密切，中国人信仰伊斯兰教的也日益增加，经过明、清两代，中国西北的新疆、甘肃、宁夏等省信仰此教的民众已占有很大比例，而陕西、河南、山东等省的回民，亦不在少数。

流行于欧洲（后来传到美洲）的天主教、基督教，虽在唐太宗时曾有少数信徒来到长安，当时称为大秦景教，但随后因武宗取缔而销声匿迹。然自明代利玛窦等来华以后，特别是经过清末的帝国主义列强入侵，西方传教士来华人数日益增加，除了国内的大中城市外，许多人还深入到边远内地的穷乡僻野，除设立教堂，宣传教义，并开办学校、医院……除了西北地区，后来他们在中国的势力，似已在道教和伊斯兰教以上。

二、其次要谈一谈我国宗教的建筑

即使在原始崇拜时期，为了举行崇拜仪式，必须设置祭祀的地点，它们可能在室外，也可能在室内，但都经过人工的处置，这就是最早的宗教建筑。随着社会的发展，宗教活动也愈来愈频繁，内容愈来愈丰富，因此对建筑的需求也愈来愈多，终于形成了一整套能满足各种宗教需求的建筑体系。

甲、佛教建筑大体上可划分为佛寺、石窟寺、摩崖石刻和僧人墓塔四大类。

1.佛寺：现以汉族佛寺为介绍对象，其余藏、蒙古、傣族佛教暂不列此。

中国早期佛寺总平面仍以塔为中心，其周围设置廊、院及门、殿。这是抄袭印度和西域的形制，从东汉到南北朝初期基本都采用这种方式，它后来又影响朝鲜和日本。而依照中国传统的宫殿、住宅式样，沿中轴线布置若干庭院的佛寺平面，也出现在南北朝。此类佛寺以大殿、佛堂为主，塔已退居次位，这种平面后来成为中国佛寺的主要形式。

佛寺依规模大小可分为：小者称“庵”，中者称“堂”，大者称“寺”，而最大者则在寺名前加“大”字，如北宋东京著名的大相国寺。大寺中又可分为相对独立的若干院，如观音院、罗汉院、达摩院、山池院等，多者可达数十院。

在单体建筑方面，除入寺处的山门、天王殿外，寺中最主要的建筑是大佛殿（供奉寺中主体佛像）和塔（有单塔和双塔之分），其次则有从属的佛殿和配殿（供奉寺内次要佛像）、经堂（又称讲堂）、法堂、藏经楼（或转轮藏）、钟楼、鼓楼等，有的寺中另置戒坛、禅堂、罗汉堂（有普通式及田字形平面的）、经幢。附属建筑有方丈、斋堂、客堂、僧舍、香积厨、浴室、净堂（厕所）、仓库、杂屋、碓房、水井等。此外还有供交通之廊庑，环绕寺院之围墙。有的寺前凿有放生池，寺内还建有园林（山池院），盛植山石、花木。

2.石窟寺：也是从印度传来的一种佛寺形式，它是依崖开山凿出洞窟，并雕刻自立体圆雕到深浅浮刻的各式大小佛像。现有此种大像的石窟寺，以山西大同云冈和河南洛阳龙门最为著名。后者的奉先寺卢舍那大佛，高达17米余。石窟之平面，由最初的椭圆形单窟逐渐发展为方形或矩形且具外廊（石刻或木构）之前、后室。在外观上也出现了屋顶、柱、阑额、斗拱、柱础等仿我国传统木建筑形式，表示它已日益中国化了。此外，甘肃敦煌的鸣沙山石窟则因石质不佳，从而以塑像和壁画为其主要表现形式。较早石窟中有的还凿出可供绕行礼诵的塔柱，保存了印度古制的遗风。

我国石窟寺的盛行期是北魏至唐、宋，元以后基本已无开凿者。

3.摩崖石刻：是在石壁上凿出圆雕佛像或先凿出浅龛，再雕作佛像，它与石窟寺之区别是没有石室。其规模大者亦极可观，如四川乐山凌云寺大佛刻于唐代，其大佛坐像自顶至踵高58.7米，原来像外建有九层木楼阁，现已毁。

4.僧人墓塔：一般是用以贮放僧尼“荼毗”（火化）后的骨灰，极少数也有放置肉身的。其位置大多置于佛寺之后或侧旁，常形成墓塔群。河南登封少林寺的墓塔群就是最为大家知晓的例子。

墓塔采用的形制，有密檐式塔、楼阁式塔、单层式塔和喇嘛式塔。就时代而言，前三种较早，喇嘛式墓塔出现较迟（元代及以后）。就目前数量而言，以喇嘛式墓塔为最多，单层墓塔次之。密檐式墓塔又次之，楼阁式墓塔最少。墓塔的平面，则以方形为最多，其余六角形、八角形与圆形的都不多。一般在南面开一门，由此进入塔内之小室。

墓塔大多由砖砌构，部分也有用石材的。其外形及装饰，因受到传统木构架建筑在不同时代的影响，往往在塔壁上隐出倚柱、阑额、枋、斗拱、壶门、直棂窗等。其中仅喇嘛塔式墓塔例外。

乙、道教建筑：总的说来道教建筑本身的特点并不显著。其建筑布局与佛寺差不多，只是名称略异。一般较大的道教建筑组群称为“宫”，较小的称为“观”。在单体建筑方面，亦没有佛寺中的类型多，即无塔、藏经楼、钟鼓楼等。在建筑装饰中，亦缺乏道教的特点，仅有太极图等少量图形而已。目前国内存留的最著名道教建筑是山西芮城永乐宫，建于元代，有门殿五重，其中尤以殿内的元代壁画至为精美，价值还在建筑之上。建于明代永乐年间的湖北均县武当山道观建筑群，规模居全国之冠，有殿堂三十余座，各殿依山建筑，气势宏伟。

道教之石刻造像，目前仅知有四川绵阳一处，规模不甚大，且部分已被毁坏。

丙、伊斯兰教建筑：回教寺院称为清真寺、礼拜寺，常附有教长及教徒之墓地。

新疆一带之清真寺仍保存了固有的伊斯兰建筑风格，主体建筑礼拜殿采用拱券、筒拱和穹窿结构，殿后设一朝向圣地麦加之圣龛。殿前或侧面设有拱廊。门窗则用尖形拱券形式。殿旁侧构以耸高的光塔。大的清真寺可建有几座礼拜殿，如新疆喀什阿巴伙加清真寺。附属建筑有供信徒礼拜前使用之浴室，及主持人阿訇之住所。此外，又有大片教徒墓地。建筑物外表面常贴以各色琉璃砖以构成多种形式之几何纹图案。内部壁面则以《古兰经》文及植物等图案为饰，而不用人体与动物形象。

内地明、清时期之清真寺建筑，基本已采用汉族传统建筑之结构与外观，亦有公共浴室及阿訇住所。内地之礼拜寺多无信徒墓地，亦不设光塔，但建“唤醒楼”（邦克楼）以召唤信徒前来礼拜。

丁、天主教、基督教建筑：一般称为教堂或礼拜堂。此于西方盛行之宗教传来中国后，其建筑仍基本保持旧有之格局与外观，主体建筑大多为平面长方形之礼拜堂。其入口处置门厅，其上部或两侧建以具尖顶之高大钟楼，建筑形式大致分为仿高矗式和普通式二种。建筑结构为木屋架，外护以砖石墙垣。门窗上部或做成拱形或尖拱状，有的还用棂条及彩色琉璃构成多幅表现圣迹或几何形之图案。

任教职之牧师、修女则另建住所，少数且附有专用之小礼拜堂。其建筑形式，除前述者外，有的已与西式普通住宅无殊。

位于偏僻地区之教堂，或因建筑条件之不充分（材料、施工条件、工匠水平……），其形制已受到当地建筑之强烈影响。

（1965年12月9日）

佛教对于中国建筑之影响

世界上无论何种民族之建筑，在中世纪以前，其发达之主要精神原因，皆不出政治与宗教二者。然政治势力，究不若宗教之富于普遍性，故就沟通各民族之文化，影响于建筑方面言之，而政治恒难逮及宗教。此现象非但欧洲如是，即印度与中国，亦无不同出一轨。

我国古代宗教虽以释、道并著，然道教在历史上素以式微不振见称，其与我国文化发生密切关系者，当推佛教为最。佛教自西汉末期，经西域诸国辗转传来，至东汉、三国之际，渐就萌葱。晋元康以降，群雄割据，战乱相寻者，前后近三百年。史称当时人民，相与祝发出家，寄托沙门，以图幸免锋镝、徭役之苦。故自晋安、萧齐以后，佛教之发达，几如水之赴壑，其势不可复阻。降及隋、唐，号称全盛。在此时期内，营造寺、塔之风，风靡全国。此等建筑之外观，大都采引印度与西域式样，以表现宗教之特有形式。然时间既久，泽布风遗，其影响遂不仅限于此。故自佛教东来以后，我国建筑受此文化之浸濡，实甚深广。

虽然中国建筑受佛教影响究竟至何程度，此洵为不易解决之问题。盖建筑学在古代中国，数千年来恒视为卑不足道之匠技，除北宋李明仲所著《营造法式》三十四卷与清雍正间所颁《工部工程做法则例》七十四卷外，几无专门记述之书。至于秦、汉以前之建筑，久已沦为尘壤，化作烟风。今之幸存者，大都为六朝以后之遗物，然亦任其支撑于荒烟蔓草间，剥落颓圮，迄乏系统之调查。兹篇所述，系以现有资料为准，暂分装饰、雕刻与构造二类讨论之，挂一漏万，在所难免，祈阅者谅焉。

一、装饰、雕刻

建筑之起源，肇于人类之庇护躯体，故上古时代建筑，祈求抵御凛烈之气候与凶猛之野兽。《易》所谓："上栋下宇，以俟风雨"者是也。其后人群演进，踵事增华，始于建筑之表面涂以色彩，描以画图，裹以锦绣，垂以幕帷。然以上种种，俱属平面之装饰，至于利用雕刻等立体形象，以文饰建筑物者，其时代则远在上述各项艺术昌明以后。我国秦、汉以前之建筑，亦大抵利用色彩与图绘者多，而采取雕刻诸技艺者少。如《礼记》谓："棁画侏儒"；《周官》谓："以猷鬼神祇"；《礼记》又谓："楹：天子丹，诸侯黝，大夫苍，士黈"；《两都赋》谓："屋不呈材，墙不露形，裹以藻绣，络以纶连"；《汉书》谓："昭阳殿中庭彤朱，而殿上髹漆"；《长门赋》谓："致错石之瓴甓兮，象玳瑁之文章"。由是而观，可知古代宫殿建筑之墙壁、地面，以及木造部分，殆全为绘画与色彩所占领。至于建筑物之利用雕刻者，仅为极少数之局部装饰，如《两都赋》谓："雕玉瑱以居楹"；《西京赋》谓："镂槛文棍"之类而已。其所以相异如是者，盖因绘画较简而易举，不若雕刻之繁缛而难工，此在械具与艺术尚未十分发达之社会，殆为不可免之事实。惟其如是，致使雕刻之技术益迟迟不克进步，故两汉诸帝表彰功臣于麒麟阁与云台，不云雕像，而云图形，恐亦因凿刻尚未风行之故也。而证之事实，汉末石刻如山东嘉祥武梁祠及肥城孝堂山郭巨祠二处，均为粗浅之平面浮雕（relif），其构图简朴，线条古拙，亦足为当时雕刻尚未臻发达之证据也。

刺激此粗朴之雕刻而使之发达者，则为佛教之输入。释教自东晋以后，风靡华夏。《魏书·释老志》谓北魏末期，江淮以北号称寺刹者，达三万余所。其说虽不足全信，而当时伽蓝、浮屠之盛，要为无可讳掩之事实。伴此寺刹而俱兴者，则为佛像之雕塑。然此为立体之圆雕，非平面之浮刻也。不仅佛像本身如是，其他之附属物，如莲座、背光等，亦无一不利用精美之雕技。故我国固有之雕刻术，自受佛教艺术影响后，遂作长足突飞之进步。其表现之方法，自平面易而为立体，其构图自形似进而为写实，其线条自古拙变而为圆熟。吾辈试取汉、晋、南北朝、隋、唐诸代之雕刻，比较而观之，如汉之武梁祠、郭巨祠，前秦之敦煌石窟，北凉之凉州石窟[①]，北魏之云冈石窟，北齐天龙山石窟，唐龙门石窟等，则其逐渐进步之过程，无论何人均可一目了然。而见于其他方面者，如西汉霍去病墓之马踏匈奴像，与唐昭陵之石人马相较，其艺术之优劣，更不可同日而语矣。

与雕刻同时受佛教影响者，则为建筑之装饰。我国古代之装饰纹样，据已见之陶、铜器、骨、玉、石刻等所载者，大都取材于大自然，如日、月、星、云、山、水、人物、花、木、虫、鱼、禽、兽之类。此

① 今甘肃武威天梯山石窟，建于北凉宣武王沮渠蒙逊时期（公元401—433年）。

外，应用几何图形者，又有雷纹、菱纹、斜纹、波纹、环纹、连锁等若干式样。俟至佛教东来，印度之莲瓣、相轮与葱形尖拱（Ogee arch），遂连带输入我国。而波斯之翼狮（Winged lion），希腊之人像柱、卷草（Acanthus scroll）、瓣纹（Plaited ornament）、沟饰（Fluttin）、棕叶饰（Anthemion）、叶与舌饰（Leaf and tongue）、爱奥尼克柱式（Ionic order）、科林斯柱式（Corinthian order）等，亦因佛教之媒介，得以流播中土。以上各种装饰，在南北朝时，大抵与我国固有之装饰参差混用，如大同云冈石窟，即其最显著之例。其后，装饰之题材不适合我国之习惯与国情者，渐次归于淘汰。今之存者，如莲瓣、相轮、葱形尖拱等，尚为佛教建筑之重要装饰。而最普及者，无如希腊之卷草。惟自隋、唐以后，或变为简单之忍冬草，或易以繁密之牡丹、石榴花，流行衍蔓，遍于全国，不知者几不能辨为西方之装饰矣。

二、构造

我国之装饰雕刻，受佛教影响已如上述矣，然则我国建筑之构造，是否亦受同样影响？吾辈欲阐明此问题，必须比较佛教输入以前之建筑构造，与输入以后者，有无差异之处？如其有之，是否即为佛教影响所致？

我国建筑之构造，系以阶台、础石、柱、梁、浮柱[①]、栋、桁、角梁、椽、斗拱、飞昂等为骨体，而墙壁与门、窗，不过填塞柱与柱间之空间，用以区隔内外，阻蔽风雨而已。以上诸项，均为构成我国传统建筑之基本成分。其源始之时代虽不能明确断定，然其名称大都散见三代、秦、汉典籍之内，兹逐一举例如次：

阶台　《礼记》云：“成功幼，不能莅阼”。阼者，阶台之主阶也。

① 即侏儒柱。见《营造法式》卷五・大木作制度二・侏儒柱条。

础石　《淮南子》云："山云蒸，柱础湿"。

柱　《诗》云："有觉其楹"；《春秋》云："丹宫楹"。楹者，柱也。

梁　《长门赋》云："抗应龙之虹梁"。虹梁者，向上弯之曲梁也。

浮柱　《论语》云："山节藻棁"。棁，即浮柱，梁上短柱也。

栋　《易》云："栋隆吉"；《仪礼》云："序则屋当栋"。栋者，今之脊桁也。

桁　《礼记》云："主人阼阶上立，当楣"。楣者，承椽之桁木也。

角梁　《景福殿赋》云："承以阳马"。阳马者，屋四角承椽之角梁也。

椽　《易》云："鸿渐于木，或得其桷"。桷者，椽也。

斗拱　《论语》云："山节藻棁"。节者，斗也。又《长门赋》云："施瑰木之栌欂兮"。栌欂，即斗拱也。

飞昂　《景福殿赋》云："飞昂鸟跃"[①]。

藻井　《灵光殿赋》云："圜渊方井，倒置荷蕖"。方井，方形之藻井也。

栏杆　《西都赋》云："舍棂槛而却依"。棂槛，即栏杆也。

屋顶　我国古代建筑之屋顶，其发展之顺序，约可分为三期：

（1）我国建筑大都南向，故最初之屋顶，多系南、北二面泄水，其断面如人字形。

（2）次为四泄水之制。除南、北二面外，复有东、西二翼。《仪礼》云："直于东荣"。荣者，翼也。东荣，即东面之檐。

（3）再次为屋面反翘之制。《西都赋》谓："上反宇而盖载"。反

① ［整理者注］：汉代斗拱中恐尚无斜向若昂之构件。该赋中所云"飞昂"，可能是表示一种飞翔向上之状态。

宇，即屋面因呈曲线而上反也。

又《礼记》云："复霤重檐，天子之庙饰也"。可知周代寝庙之制，已非简陋之单檐建筑矣。

就以上诸例而观，可知我国建筑之基本构造，肇源远在秦、汉以前。其时佛教尚未输入，中国建筑未受此文化之影响，殆无疑义。而时至今日，凡为我国古代建筑物之主要构材者，仍为主要构材如故。则在此二千年间，建筑物之骨构绝少变更，又可知矣。据此推论，佛教文化对中国建筑构造之影响，自可不言而喻。不仅是也，即佛教特有之建筑，如寺、塔、石窟之类，其最初模仿印度者，不出数百年间，亦演绎同化于中国建筑之内，兹举数例以明之：

塔

塔者，为古代印度之墓标。梵音为Stupa，释籍译为"窣堵坡"，其义为"累积"，盖累积土、石于墓上以为标记也。其后释迦弃世，门人以香木焚尸，其骨分碎，大小如粒，不能尽毁，乃建窣堵坡藏之，后世所谓舍利塔是也。至于塔之构造，由台座、覆钵、宝匣、华盖四部组合而成。台座者即塔之基座；其上为半球状之覆钵，形如穹顶（Dome）；覆钵顶部为宝匣，其形如方箱，中藏舍利，最上为华盖，作三层伞状。塔之内部，实以泥土，不能登临，盖纯为纪念物也。我国之塔，当以汉明帝永平十八年（公元75年）所建之洛阳白马寺塔为最先。据《魏书·释老志》所载其形状悉依印度之式样而重构之。此外，如敦煌千佛岩第120窟[①]内之塔，亦尚存印度窣堵坡之遗范。其后塔之构造，自石造易为砖、木，塔内设佛龛，又置梯级以便登临，其外部更绕以栏廊，覆以重檐，则与我国传统之木楼阁建筑日益雷同矣。

① 现编号为288窟。

寺

古代印度之寺，皆以塔为中心。塔之周围，罗列禅堂、静堂、僧房、庖厨、浴室、而圊之属，视后世以佛殿为寺之中心者，截然异途。我国初期之寺，大部袭用印度之制，以塔为寺之主要建筑物。故汉、魏籍典，盛称浮屠而不称寺，盖以塔为寺之代表也。东晋、北魏以后，渐重佛殿，置本尊像于佛殿中，以供祈祝祷膜拜之用，于是佛殿遂代塔而为寺之重心。其余法堂、讲堂、禅堂、食堂之类，依次排列于佛殿之前后，其配置之法，纯为我国均衡对称之方式，非复印度旧观矣。

石窟

石窟者，释籍谓之“支提”。盖设支提塔之窟内，作为仰礼之对象，因以为名（梵音为Caitya，与窣堵坡同形状，惟不藏舍利）。我国最初创立之石窟，当推前秦建元二年（公元366年）所建之敦煌千佛岩，其后继起者如凉州石窟寺，大同云冈石窟，洛阳龙门石窟，南京摄山千佛岩，巩县石佛寺，青州云门山、驼山[①]，肥城五峰山，历城神通寺，邠州大佛寺[②]，广元千佛岩，太原天龙山等，均为南北朝及隋、唐等代所经营之石窟也。其中规模宏大者，当以北魏所建之云冈石窟为最。云冈诸窟之中央，大多设本尊像或方形之支提塔，与印度石窟之配置法，大体略同。其后北齐至隋、唐所营之天龙山石窟，内中已无支提塔，而于窟前辟走廊，廊间镌以柱、梁、斗拱之属，其上再护以短檐，至此石窟之外观、结构，遂与我国传统之木造建同一形制焉。

[本文发表于《科学》第十三卷第四期（1928年）。为作者潜心于研究中国传统建筑后，发表之首篇论文。]

---

① 今山东益都县境内，凿于北周至隋、唐间。

② 今陕西邠县西10公里，建于唐贞观二年（公元628年）。

琉璃窑逸闻

琉璃古作流离，或云药玻璃，其名始见于《汉书》西域传，盖传自西方，非中土所有（《汉书》西域传："罽宾国出虎魄璧流离。"颜师古注引《魏略》云："大秦国出赤、白、黑、黄、青、绿、缥、绀、红、紫十种流离。"）。汉、魏以来用作窗扉（《西京杂记》："昭阳殿窗扉多是绿琉璃。"《汉武故事》："武帝起神屋，扉悉以白琉璃为之。"）、屏风（《拾遗记》："孙亮作绿琉璃屏风。"）及剑匣、鞍（见《西京杂记》）、盘碗（见《世说》）诸器，皆视为珍异。北魏太武帝时，大月氏商人始于平城采矿铸之，为行殿，容百余人（《魏书》西域传·大月氏国条："世祖时，其国人商贩京师，自云能铸石为五色琉璃，于是采矿山中，于京师铸之，既成，其光泽乃美于西方来者。乃诏为行殿，容百余人，光色映彻，观者见之，莫不惊骇，以为神明所作。自此中国琉璃遂贱，人不复珍之。”），是为以中国原料制琉璃之最早记载。隋开皇间，太府丞何稠能以绿甃为琉璃，已非假手远人（《隋书》何稠传：“时中国久绝琉璃之作，匠人无敢厝意，稠以绿甃为之，与真不异。”）。其后流传渐广，遂施之瓦面，代刷色、涂朱、髹漆、夹纻诸法。盛唐时有碧瓦、朱甍之称（《杜工部诗》：“碧瓦朱甍照城郭。”）。颜师古云：“今法消冶石汁，加以众药，灌而成之。”（见《汉书》西域传·注；师古唐人，所谓今法，当指唐时通行之法。）此虽就器物而言，然瓦面之釉，精粗虽殊，制法应无二致。宋以后造琉璃瓦之法，见《营造法式》[①]。

“凡造琉璃瓦等之制：药以黄丹、洛河石和铜末，用水调匀（冬月以汤），筒瓦于背面，鸱兽之类于安卓露明处（青棍同），并遍浇刷。板瓦于仰面内中心（重唇板瓦仍于背上浇大头，其线道条子瓦浇唇一壁）。”

按李书洛河石殆为石英之属，若今马牙石供制釉之用者。釉中着色之药料成分，有大、中、小三等之别：

“药料，每一大料，用黄丹二百四十三斤（折大料二百二十五斤，中料二百二十二斤，小料二百九斤四两），每黄丹三斤，用铜末三两，洛河石末一斤。

用药，每一口（鸱尾事件及条子线道之类，以用药处通计尺寸折大料）。

大料，长一尺四寸。筒瓦七两二钱三分六厘（长一尺六寸，板瓦减五分）。

---

① ［整理者注］：请参阅《营造法式》卷十五·窑作制度；卷二十五·诸作功限（二）；卷二十七·诸作料例（二）。

中料，长一尺二寸。筒瓦六两六钱一分六毫六丝六忽（长一尺四寸，板瓦减五分）。

小料，长一尺，板瓦六两一钱二分四厘三毫三丝二忽（长一尺二寸，板瓦减五分）。”

宫阙琉璃以黄色为主，故书中所举药料亦以黄丹为重要原料，其成分：

“药料所用黄丹，阙用黑锡炒造。其锡以黄丹十分加一分（即所加之数，斤以下不计），每黑锡一斤，用密陀僧二分九厘，硫黄八分八厘，盆硝二钱五分八厘，柴二斤一十一两，炒成收黄丹十分之数。”

黄丹之制法：

“凡合琉璃药所用黄丹阙炒造之制：以黑锡、盆硝等入镬煎一日，为粗扇，出候冷，捣罗作末。次日再炒，砖盖罨。第三日炒成。”

其功限：

“捣罗洛河石末，每六斤一十两，一功。

炒黑锡，每一料，一十五功。”

足窥当时制作，条律明晰，丝毫不紊。明、清二代琉璃制法，尚待研求，非如李书之详核如据。仅知明以无名草、棕榈毛等煎汁涂染成丝黛，赭石、松香、蒲草等涂染成黄。其白土则取自太平府，舟运三千里，不惮其烦（《天工开物》）。清官窑黄、绿、天青、翡翠、紫、黑、素白诸色，均由官给黑铅，供制玻璃料（见《大清会典》），尚沿赵宋旧法，未曾更易。而唐以来冶石为釉，亦大抵祖述大月商人遗法，其流风余绪，迄今犹未陵替。故近世制琉璃者，如北平赵氏、辽宁侯氏皆山右人。明泽州所制琉璃瓦饰之花纹、图案、雕塑、配色亦为全国之冠，今巨件输出异邦者，犹值逾千金。可征北魏以来发达之艺术，夐乎独异，自有不可磨灭之价值在焉，可与石作、佛塑、彩画数者，同为晋省擅长之技术；同时又与南部之江苏南北遥对，为我国工艺最发达之二区域也。现存琉璃窟最古者，当推北平赵氏为最，即俗呼官窑，或西窑。元时自山西迁来，初建窑宣武门外海王村，嗣扩增于西山门头沟琉璃渠村，充厂商，承造元、明、清三代宫殿、陵寝、坛庙各色琉璃作，垂七百年于兹。明时各厂以内官司之，瓦饰外并造琉璃片，供嵌窗户之用，及鱼瓶、铁马诸杂件（见《倚晴阁杂钞》）。入清后，以满、汉官各一人主琉璃、亮瓦二厂事，自工银、铅料外，雍正三年（公元1725年）并豁免厂房官地租金。道光五年（公元1825年）因在城厂窑久废，凡琉璃料件，均改归西山窑烧造（见《大清会典》）。然赵氏世居海王村琉璃厂，其地即明、清以来烧造琉璃官署所在，故世俗有琉璃赵之名，今其裔孙赵雪航尚能承继旧业。此外北平东直门外，近有东窑马姓，亦以制琉璃闻。按东窑本烧造上等澄泥青砖之所，明、清大内铺地金砖，初取自苏州，城砖取自山东临清州。清中叶以后，于京东河西务及广渠门二闸左近，取河泥设窑制造，号通和窑，以工料精美见称。辛亥鼎革后，琉璃官窑停歇，兴隆木厂马蕙堂父子，于东窑仿造琉璃瓦料及盆、盂之属，名西通和，与赵氏并争，故近日言琉璃者，有东、西窑之别焉。至于明初营南京宫阙，则设琉璃窑于南京南门（即聚宝门）外聚宝山，白土亦采自太平府。每窑所需人工、柴芦各料，依所烧瓦件种类及窑大小，各有定制，见《图书集成》引《明会典》。1928年春，中央大学建筑系查访明报恩寺琉璃塔故基，于眼香庙附近，发现琉璃瓦兽残件多种，杂砌墙壁间。询诸土人，谓系明琉璃窑故址，其地在聚宝门外西南五里，疑即《明会典》所称聚宝山官窑。惜厄于地方人士，未能发掘证实，而所搜残件亦未获运出。至报恩寺塔之白色砖，莹洁凝滑，纯系瓷胎，疑来自景德镇，非眼香庙琉璃所制也。又沈阳清故宫及昭陵、福陵、永陵等处所用各色琉璃，系海城县缸窑岭（去析木岭五里）侯姓所造。侯姓亦隶籍山右，于明万历三十五年（公元1607年）由山西介休县贾村移来。初业制缸，顺治初修大政殿，始设琉璃窑，承造各色瓦件，隶盛京工部，世袭五品官。现存十七世孙侯济，年八十。光绪三十二年（公元1906年）赵尔巽修理盛京清宫，及最近张作霖坟定烧绿色琉璃瓦二十万件，俱由侯济次子书麟承造。清季侯氏世袭匠役三十七名，工部壮丁一千十八名，分塑作、筒瓦、板瓦、铅作、窑作、勾滴六类。用料以白马牙石与坩子土、赭石为大宗，皆产海城。又坩子土及白泥土出沈阳城东二十里王家沟，但白土仍须向海城取之。余如大条铅购自英，锡与响铜购自市上。原有厂地三千余亩在山上，1919年清丈局整理官产，以二万余元卖出。侯氏厂工与北平官窑赵氏通，有大工则互相挹注。询以图样做法，已无存，惟影壁、花门、牌坊等，尚知折算之法云。

［本文发表在《中国营造学社汇刊》第三卷第三期（1932年9月）］

大壮室笔记

两汉第宅杂观

自来治礼者每言宫室，然明堂、寝庙之制盖难言矣。按之诸经，王制畿甸与天子三门五门、明堂五室九室诸制，参错岨峿，不能互通。而汉武东巡已不辨明堂结构（《史记》封禅书：“上欲治明堂奉高旁，未晓其制度”）。自是以来，聚讼千载，迄无定论。后贤诠经，转多歧说，初学每苦纷赜，穷于受择，非无故也。惟大夫、士门寝规制（图1、2），诸家所说，独少抵触，虽北堂与东、西夹分位，间有出入，揆之全体，无关弘旨。此其故殆因《仪礼》一经，详于士礼，而高堂生传

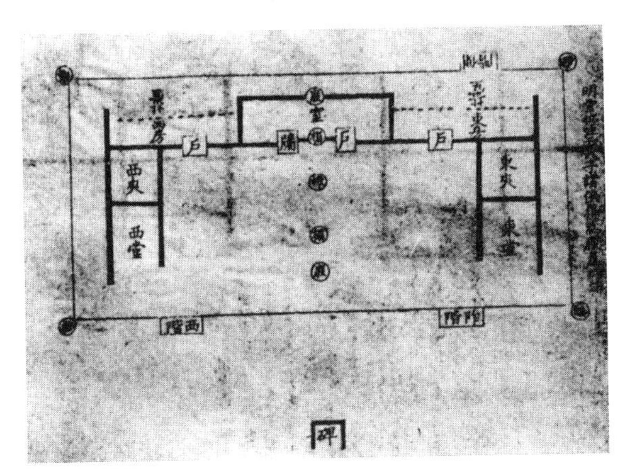

图1 天子诸侯左右房图（自张皋文《仪礼图》重摄）

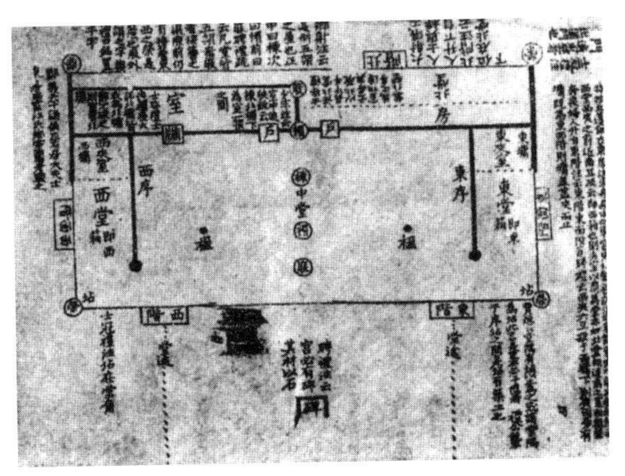

图2 郑氏大夫士东房西室图（自张皋文《仪礼图》重摄）

十七篇，出处最明（《汉书》艺文志及儒林传：汉兴，高堂生传士礼十七篇，萧奋以授孟卿，卿授后苍，苍校书未央宫曲台，说礼数万言，号《后氏曲台记》。苍弟子戴德、戴圣、庆晋三家，并立学官）。其后古文间出，亦能合若符节（《汉书》艺文志；礼古经者，出于鲁淹中及孔氏学七十篇，文相似，多三十九篇），故西汉立之学官，言礼只《仪礼》一经。宋以来治礼者亦多以《仪礼》为经，《礼经》为传，有由来矣（见皮锡瑞《三礼通论》）。惟礼者容也，《仪礼》所言进退、揖让之节，仅限于门堂、房室之间。后儒绎经为图，其言宅第亦止于门、寝二者。然此特大夫、士住宅之一部耳，决难概其全体。何者，一家之中，有父子，有兄弟，父子、兄弟又各有其配偶，子息繁滋，非东房、西室所能容。而厨、厕、仓、厩、奴婢之室，又皆生活所需，势所必具，决难付诸阙如。凡此数者，其配列结构之状，无关婚、丧诸礼，皆十七篇所未言也。故昔儒据礼经释门寝，其劳固不可没，居今日而治建筑历史，则难举门寝而忘全局。且住宅者人类居处之所托，上自政治、宗教、学术、风俗，下逮衣服、车马、器用之微，罔不息息相关，互为因果。自应上溯原始居住之状以穷其源，下及两汉宅第以观其变，旁征典章、器物以求其会，而实物之印证，尤有俟乎考古发掘之进展，未能故步自封，窥一斑而遗全豹焉。

愚尝夷考两汉典籍，求其公卿宅第区布之状，知与周末略有异同。其异者或因记述简略，制作不明，或因时代推移，转增繁缛，其故颇难遽定。然如门、堂、阶、箱及前、后堂诸制，每与仪礼所云不期符会。盖两汉去周未远，旧制未泯，楚、汉之际，尚有车战（《汉书》陈胜传："比至陈兵车六七百乘，骑千余，卒数万人。"又见同传周文西击秦条，及《汉书》文帝纪，张武为车骑将军，军渭北条）。其床榻席坐之习[1]（《汉书》爰盎传："上幸上林，皇后、慎夫人从，其在禁中常同席坐。"又见同书霍光传、灌夫传，《史记》田蚡传，《后汉书》阴皇后纪。又《后汉书》田栩传："常于灶北坐板床上，如是积久，板乃有膝踝足指之处"），宾见东乡为尊（《史记》绛侯世家："勃不好文，每召诸生说士，东乡坐而责之。"又见同书田蚡传，《汉书》盖宽饶传，楼护传，《后汉书》邓禹传，桓荣传），终汉之世，亦循旧法，故两汉堂、室犹存周制，乃事所应有。至若西汉宫室，沿用周、秦遗物，诸书所载，不一而足（长乐宫本秦兴乐宫，见《三辅黄图》及《长安图志》引《关中记》，《长安记》二书；甘泉宫建于始皇二十七年，

---

① ［整理者注］："席坐之习，又见《汉书》卷六十四·朱买臣传；《三国志》·魏志·管宁传注；《梁书》卷三十三·长沙嗣王业传；《周书》卷二十三·苏绰传等。登床用榻登，亦作毾㲪。见《释名》卷六及《后汉书》卷一百十八·西域传·天竺国条。"

见《史记》秦始皇本纪；长杨、宜春、回中诸宫皆秦离宫，见《三辅黄图》。又《汉书》高后纪："元年，赵王宫丛台灾。"师古曰："本六国时赵王故台也"），而东汉中叶犹间有存者（《后汉书》五行志："南宫云台灾，云台之灾自上起，榱题数百，同时并然，若就悬华灯。夫云台者乃周家之所造也，图书木籍，珍玩宝怪，皆所藏也。"又同书公孙述传，成都郭外有秦时旧仓，述改名"白帝仓"，乃东汉初期之例）。其于营造制作，关系甚巨，自不待言。至郑司农注《礼》，取证实物，今读注疏，往往见其踪迹（《礼仪》乡射礼："序则物当栋，堂则物当楣。"郑注曰："是制五架之屋也，正中曰：栋，次曰：楣，前曰：庋。"五架之称，据实物可知）。则东汉末期建筑，犹未尽变旧法，亦足推知一二。

汉住宅之陋者，外为衡门（《汉书》玄成传："使得自安于衡门之下。"师古曰："衡门，横一木于门上，贫者之居也"），衡者横木，加以两柱杈枒之间，其制甚简，殆为后世阀阅乌头门之权舆。今辽、吉边陲，犹存斯式（《册府元龟》："正门阀阅一丈二尺，二柱相去各一丈，柱端安瓦桶，墨染，号为乌头染。"又宋乌头门制度见李诫《营造法式》卷六。吉省之例，见［日］大隅为三氏《满蒙美观》）（图3、4）。其屋，则晁错所谓一堂二内也（《汉书》晁错传："家有一堂二内门户之闭，置器物焉。"张晏曰："二内，二房也"）。一堂者，平民之居，东、西无箱、夹，故一以概之。二内者，古之东房、西室，位于堂内，故以内称。是西汉初期民舍配列之状，谓为《礼经》大夫、士堂室之缩图，或非过辞。至若白屋之制，似较此更陋一等焉（见《汉书》萧望之传）。

汉列侯、公卿万户以上，门当大道者曰：第。不满万户，出入里门者曰：舍（《初学记》二十四·引《魏王奏事》曰："出不由里门，面大道者曰：第；列侯食邑不满万户，不得称第；其舍在里中，皆不称

图3 乌头门（自《营造法式》重摄）

图4 吉林东部民舍之门（见《满蒙美观》）

第”）。大第皆具前、后堂，又有正门、中门，可通车，疑导源于周制（《汉书》董贤传：“光警戒衣冠，出门侍望，见贤车，乃却入。贤至中门，光入阁，既下车”）。门有屋曰：庑（《汉书》窦婴传：“所赐金陈廊庑下。”师古曰：“廊，堂下周屋；庑，门屋也”），可留宾客（《后汉书》梁鸿传：“遂至吴，依大家皐通伯，居庑下”），即《礼经》夹门之塾（图5）。门内有庭，次为堂（《汉书》翟宣传：“宣教授诸生满堂。有狗从外入，啮其中庭群雁数十，比惊救之，皆已断颈。狗走出门，求不知所。”又《后汉书》仇贤传：“妻子有过，辄免冠自责。妻子庭谢，候览冠，乃敢升堂”）。堂下周屋曰廊（注见前），周庭而设，以接堂、庑，若今庭院之状。

堂之制特高（《后汉书》马融传：“常坐高堂，施绛纱帐。”又同

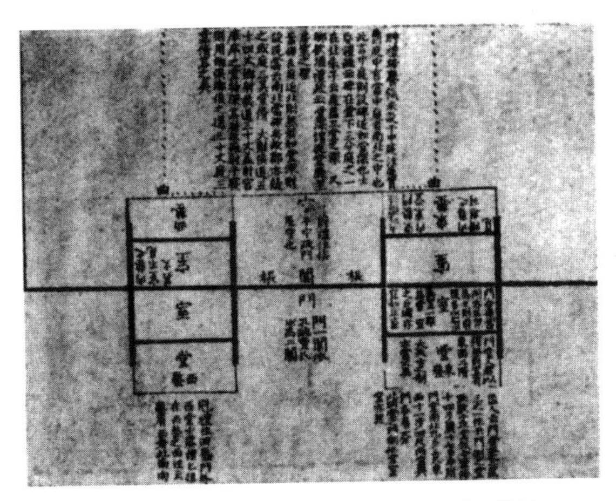

图5 郑氏大夫士门塾图（自张皋文《仪礼图》重摄）

书樊宏传："其所起庐舍，皆有重堂、高阁"）。有东、西阶，宾升自西阶，如周之阼阶、宾阶（《汉书》盖宽饶传："平恩侯许伯入第，丞相、御史、将军中二千石皆贺，宽饶不行，许伯请之，乃往，从西阶上，东乡特坐"）。阶颇峻，故曰：升，曰：降，明其异于余屋也（《汉书》爰盎传："千金之子不垂堂。"师古曰："垂堂，谓坐堂外边，恐坠堕也。"又同书朱云传："摄赍登堂"）。堂有户，不见于仪礼（《汉书》赵广汉传："广汉将吏，到家，自立庭下，使长安吏丞龚奢叩堂户，晓贼曰：……即开户出，下堂叩头"）。堂内或有承尘（《后汉书》雷义传："金主伺义不在，默受金于承尘上，后葺理屋宇，乃得金。"《释名》曰："承尘，施于上，以承尘土也"），或无（《汉书》盖宽饶传："宽饶不说，卬屋而叹曰。"卬屋，知无承尘也）。其两侧有东、西厢（《汉书》杨敞传："敞夫人遽从东厢谓敞曰：……"言东则有西也）。又有室（《后汉书》马融传："弟子以次相传，鲜有入其室者。"又同书吴祐传："冀起，而入室，祐亦迳去"），室有东户、西牖，悉与礼经合（《汉书》龚胜传："使者欲令胜起迎，久立门外，胜称病笃，为床室中户西南牖下，东道加朝服拕绅。使者入户，西行，南面立，致诏付玺书。"师古曰："牖，窗也，于户之西，室之南牖下也"）。而门前置屏，尤有负扆遗意（《后汉书》庞参传：“参到先候之，棠不与言，但以韭一大本，水一盂，置户屏前，自抱其孙儿伏户下”）。其侧有便坐，亦曰：便室，延宾之所也（《汉书》张禹传：“宣之来也，禹见之于便坐，讲论经义，日宴赐食不过一肉，卮酒相对，宣未尝得至后堂。”师古曰：“便坐，谓非正寝，在于旁侧可以延宾者也。”又《后汉书》彭宠传：“宠斋独在便室。”注：“便坐之室，非正室也”），或即东厢，抑另为一室，则无考焉。又有更衣所，亦在堂内（《汉书》杨敞传：“延年起至更衣。”师古曰：“古者延宾必有更衣之所”）。以杨敞传推之，似设于西厢，盖敞传夫人自东厢语焉，而堂北房室，皆非可置更衣之所也。

前堂之后，有垣区隔内、外，其门曰：阁（《汉书》董贤传：“贤至中门，光入阁，即下车，乃出拜谒，送迎甚谨”）。亦曰：中阁（《后书汉》吕布传：“卓又使布守中阁，而私与傅婢情通”）。从门从合，谓双扉也。阁内为后堂，寝居燕见之所也（《汉书》尹翁归传：“欲属托邑子二人，令坐后堂待见。”又同书张禹传：“身居大第后堂，理丝竹、筦弦……禹将崇入后堂饮食，妇女相对，优人筦弦，相对极乐，昏夜乃罢”）。有阶曰：内阶。又有轩（《后汉书》延笃传：“夕则消遥内阶，咏诗南轩”）。惟堂内区布之状不明，以意测之，或与前堂略同。第后复有门，曰：后阁，或今之后门（《汉书》陈遵传：“母乃令从后阁出去”）。

汉第宅前、后堂可考者，略如前述。其所言门、堂、户、牖及东、西阶、厢诸制，皆片言只字，散见行间，非专记建筑之文，乃竟与《礼经》所云，强半符合，足知周、汉屋制，初非差异甚巨。然二堂以外，附属之屋，典籍绝少涉及，其约略可考者，曰：精舍，曰：楼，其最著者也。

汉代师法最尊，经生授徒，每于前堂为之（见《汉书》翟宣传，及

《后汉书》马融传，郑玄传），然宅内亦有另辟精舍者（《后汉书》包咸传："因往东海，立精舍讲授，光武即位，乃归乡里。"又见同书李充传，刘淑传）。考其始仅称讲堂（《后汉书》鲍永传："孔子阙里，无故荆棘自除，从讲堂至于里门。"又洛阳太学讲堂长十丈，广三丈，见《后汉书》光武帝纪），精舍之名似后出，亦称精庐（《后汉书》蔡玄传："精庐暂建，赢粮动有千百。"注："精庐，讲读之舍"），其位置似在宅之前部，或即前堂之左、右。东汉中叶以后，或构楼讲学，其制渐侈（《后汉书》郑玄传："会融会集诸生，考论图纬，闻玄善算，乃召见于楼上"）。魏、晋以降，佛说倡披，凡沙门所栖，亦称精舍，非复旧义矣（《晋书》孝武帝纪："宁康六年正月，帝初奉佛法，立精舍于殿内，引诸沙门以居之"）。

古宫室崒然高举者，曰：重屋，曰：复溜，曰：重橑，曰：台，曰：榭，曰：阁，曰：观，曰：阙，曰：阇，独少言楼者。盖山居之人，凿穴而处，架木为楼于穴外，以蔽风雨，便升降，若今云冈诸窟之状。故《释名》谓："狭而修曲曰：楼。"云：狭，云：修，云：曲，言其非常屋也（《后汉书》冯衍传："凿岩石以为室兮，托高阳以养仙。伏朱楼而四望兮，采三秀之英华。"足见内洞外楼之状）。其施诸宫阙、苑囿者，首见于春秋（《史记》卷三十九·晋世家："景公八年……使郤克于齐，齐顷公母，从楼上观而笑之"）。其后方士神仙之说畅行，谓仙人好楼居，汉武遂作甘泉前殿与通天台（见《史记》封禅书），复于建章宫建井干楼（见《史记》封禅书）。而史籍与明器所示，东汉第舍、民居亦往往有楼（《后汉书》卷一百十六·南蛮西南夷传·板楯蛮夷条："秦昭襄王时，……有巴郡阆中夷人……登楼射杀白虎。"《后汉书》桥玄传："有三人持仗劫执之，入舍登楼，就玄求货。"又见同书黄昌传，郑玄传，侯览传，刘表传）。汉石刻中尤不乏其例（见《金石索》诸书，及山东图书馆所藏石刻）。自是以后，旧制或为之稍变，盖自宅舍构楼，阁道之设，势必同时俱起（《汉书》元后传："凤大治第室，高廊阁道，连属相望。"又见《后汉书》吕强传，梁冀传），非复襄之仅用于殿阙、台阁之间矣。他若旗亭、市楼（《西京赋》："旗亭重立，俯察百隧。"《三辅黄图》："市楼皆重屋，又曰：旗亭"），乃阁之缩形，虽以楼名，不能纳于此类焉。

又秦置郡县，废井田，社会经济组织，渐异往昔。汉文帝时富民之居，已以文绣被墙（《汉书》贾谊传："美者黼绣，是古天子之服。今富人大贾嘉会召客者，以被墙。"又曰："帝之身自衣皁绨，而富民墙屋被文绣"）。其后外戚贵幸，竞营宅第，若董贤、梁冀及王氏诸侯，或重殿洞门，柱槛衣以绨锦（见《汉书》董贤传）。或起土山渐台，模效白虎（《汉书》元后传王商条）。或立殿堂、两市，赤墀青琐（见《汉书》元后传王根条）。或纳陛朱户（见《汉书》王莽传）。或飞梁、石磴，凌跨水道，采土筑山，十里九坂，以象二崤（见《后汉书》梁冀传）。此皆权臣奢僭，超逾常轨，又非前、后堂所能限度者矣。

他若考室之礼（《汉书》奉冀传："大行考室之礼"），入第之宴（见《汉书》盖宽饶传），俱两汉习尚，迄今尚有存者。而阳宅禁忌、风水诸说，当时亦已盛行（《汉书》艺文志有五行家《堪舆金匮》十四卷，形法家《宫宅地形》二十卷。又《后汉书》王景传："景以为六经所载，皆有卜筮，作事举止，质于蓍龟，而众书错揉，吉凶相反，乃参纪众家数术文书，家宅禁忌，堪舆日向之属，适于日用者，集为《大衍玄基》"云）。太史待诏，且有专司庐宅者三人（《后汉书》百官表·太史令注。《汉官仪》曰："太史待诏三十七人，其六人治历，三人龟卜，三人庐宅"）。《史记》龟策列传亦言卜室，此又治斯学者不能忽视之点也。

两汉官署

汉制以丞相佐理万机，无所不统，天子不亲政，则专决政务，故其位最尊，体制最隆，丞相谒见天子，御坐为起，在舆为下，有疾天子往问（见《汉书》翟言进传·注），其府辟四门（《后汉书》百官志·司徒注。应劭曰："丞相旧位在长安时，夜总会有四出门，随时听事"），颇类宫阙，非官寺常制也。门有阙（《后汉书》百官志·太尉·注，引蔡盾《汉仪》曰："府开阙，王莽初起大司马，后篡盗神器，故遂贬去其阙。"按《汉书》百官公卿表，太尉秦官，武帝时改大马司，金印紫绶，置官署，禄比丞相，故知丞相府亦有阙也）。故无塾（见《汉官旧仪》），其西门则乘舆所从入（《汉书》翟方进传·注："丞相有疾，天子从西门入"）。门署用梗板，方圆三尺，不垩色，不郭邑，署曰：丞相府（见《汉官旧仪》卷上），无阑，不设铃，不警鼓，示深大阔远无凶限（《后汉书》百官志·司徒·注，引荀绰《晋百官表》注）。然亦有门卒，非无备也（《汉书》赵广汉传，广汉使所亲信长安人为丞相府门卒）。门内有驻驾庑，停车处也（《后汉书》卷二十三·五行志："灵帝光和三年二月，公府驻驾庑自坏南北三十余间。"注："公府，三公府也。"又见同书灵帝纪）。有百官朝会殿，国每有大事，天子车驾亲幸其殿，与丞相百官决事，应劭谓为外朝之存者（《后汉书》百官志·司徒·注），其说甚当。盖西汉初营长安，萧何袭秦制，仅置前殿（《汉书》翼奉传："未央宫独有前殿、曲台、渐台、宣室、温室、承明耳。"按：曲台说礼处，渐台在苍池中，宣室正处，温室寝殿，承明便殿，见《长安志》），供元会、大朝、婚丧之用。而庶政委诸丞相，国有大政，天子就府决之，观殿西有王侯以下更衣所（《后汉书》百官志·注），足为会朝议政之证。若丞相听事之门，以黄涂之，曰：黄阁（《汉旧仪》曰："丞相听事门曰：黄阁，不敢洞开朱门，以别于人主，故以黄涂之，谓之'黄阁'"）。无钟铃，有应阁奴（见《汉官旧仪》卷上）。阁内治事之屋颇高严，亦称殿（《汉书》黄霸传："男女异路，道不拾遗，及举孝子、贞妇者为一辈，先上殿。"师古曰："丞相所坐屋也"）。升殿脱履（《汉官旧仪》，谓掾见脱履，公立席后答拜），与宫殿同制。有东阁，东向开之，以延宾客（《汉书》朱云传："薛宣为丞相，云往见之，宣备宾主礼。因留云宿，从容谓云曰：在田野无事，且留我东阁，可以观四方奇士。"又《汉书》公孙宏传："于是起客馆，开东阁，以延贤人。"贤古曰："阁者，小门，东向开之，避当廷门，而引宾客，以别于掾吏、官属）。其方位疑在殿东侧，如未央宫前殿之制（《汉书》五行传："成帝绥和二年八月庚申，郑通里男子王褒，衣绛衣，小冠，带剑入北司马门、殿东门，上前殿。"师古曰："又入殿之东门也"）。顾亭林谓门旁设馆曰：阁，若今官署角门之有迎宾馆（见顾氏《日知录》卷二十三）。然丞相府客馆创自公孙宏（见前），《汉书》直名为宾馆，不云阁，且阁者小门也，非若门之有塾可居。揆诸古人考工创物之精，命名之审，顾说恐未谛也（《西京杂记》谓："公孙宏以布衣为丞相，大开东阁，营客馆，招延天下士人，其外曰：钦贤之馆，次曰：翘材之馆，又次曰：接士之馆，凡三馆"）。至两汉官寺皆有官舍寝堂，以处眷属（《后汉书》赵岐传："生于御史台，字曰：台卿。"又《后汉书》光武帝纪，光武"生于县舍"）。其在丞相府者，简称府舍（《汉书》赵广汉传："疑丞相夫人妒，杀之府舍。"又董贤传："诏令贤妻得通引籍庐中，止贤庐，若吏妻子所居官舍"），又曰：相舍（见曹参传）。其舍至广（《汉书》哀帝时，御史府舍百余区倒塌，御史府如是，丞相府可知也）。有阁（《后汉书》董卓传："卓起送至阁，以手抚其背"），有庭（《汉书》赵广汉传："遂自将吏卒突入丞相府，召其夫人跪庭下受辞”），有堂（《后汉书》章帝纪。幸元氏，祠光武显宗于县舍正堂。县舍有堂，相舍可知矣）。其后有吏舍以居椽属（《汉书》曹参传：“相舍后垣近吏舍”）。又有客馆、马厩、车库、奴婢室等（《汉书》公孙宏传：“自蔡至庆，丞相府客馆丘虚而已。至贺屈氂时，坏以为马厩、车库、奴婢室矣”）。以东阁推之，似在府之东部，然不能定也。

汉丞相、太尉、御史大夫称“三公”，秩皆万石（《汉书》百官公卿表）。惟史籍仅称两府（《汉书》翟方进传：“初除，谒两府。”师古曰：“丞相及御史也”），无言太尉府者。以汉初太尉时置时废，成帝绥和后始有官署故耳。御史府又谓之宪台（见《汉官问答》引《通典》卷二十四），在未央宫司马门内（陈树镛《汉官问答》，谓郡国上计吏至京师，御史大夫见上计守丞长史于司马门外，以御史府在司马门内，丞史不可入也）。故不鼓，无塾，门署用梓板，不起郭邑（《汉旧仪》卷上），与丞相府同，惟门内殿舍之制，悉无考焉。汉自武帝元狩间，改太尉为大司马，其后成帝改御史大夫为大司空，哀帝改丞相为大司徒（《汉书》百官公卿表）。光武中兴，一仍司徒、司马、司空之称，号“三府”，俱有殿，而司徒独有百官朝会殿（《后汉书》百官志·司徒·注），以司徒即丞相，尊遵旧制也。但明帝尝欲为司徒辟四门，迫于太尉、司空，仅为东西二门（见前注），是东汉三府皆仅二门，与西汉稍异。门之分位，疑在百官朝会殿左、右，非若后世东、西辕门位于官寺之前。盖汉制天子祀宗庙，入自北门（《后汉书》祭祀志·注：“太常导皇帝入北门”），入丞相府自西门（《汉书》翟方进传·注，及《后汉书》百官志·司徒·注），苟二门位于府前，则天子入西门，东行折北升殿必北面，殊无解于帝皇南向之尊也。

古者军旅出征，依帐幕为官署，故将军所止曰：幕府（《汉书》张放传：“为侍中中郎将，监平乐屯兵，置幕府”，又见霍光传，傅喜传）。若廷尉、内史、京兆尹、郡守所居，亦皆称府（见《汉书》儿宽传，鼂错传，赵广汉传，严延年传，及《后汉书》费长房传）。县治则称寺（《汉书》何并传："令骑奴还至寺门"，时并为长陵令）。然汉官寺自九卿郡守，迄于县治、邮亭、传舍，外为听事，内置官舍，一如古前堂、后寝之状，体制或有繁简，区布之法固无异也。其县寺前夹植桓表二（《汉书》尹赏传："瘗寺门桓东"，如淳曰："县所治夹两旁各一桓"），后世二桓之间架木为门曰：桓门，宋避钦宗讳，改曰：仪门。门外有更衣所（《周礼》："行人掌逆次于舍门外。"郑注："次，如今官府门外更衣所。"《疏》曰："举汉法以况之，故曰：今"）。又有建鼓，一名"植鼓"，所以召集号令，为开闭之时（《汉书》何并传："拔刀剥其建鼓。"师古曰："建鼓一名植鼓。建，立也，谓植木而旁悬鼓焉。县有此鼓者，所以召集号令，为开闭之时"）。官寺发诏书（《汉书》田延年传："使者召延年诣庭尉，闻鼓声，自刎死。"晋灼曰："使者至司农，司农发诏书，故鸣鼓也"，时延年官大司农）。及驿传有军书、急变亦鸣之（《后汉书》光武帝纪："至饶阳，入传舍，传吏疑其伪，乃椎鼓数十通，绐言邯郸将军至，官属皆失色。"又《周礼》夏官注："若今时上事变击鼓，又若今驿马军书当急闻者，亦击此鼓"），自两府外，皆具此制（《后汉书》费长房传："伪作太守服章，诣府门椎鼓者。"知郡守亦有鼓。两府无鼓详前）。门有塾，虽邮亭亦然（《后汉书》齐武王縯传："王莽使长安中官署及天下乡亭，皆画伯昇像于塾，旦起射之。"注："塾，门侧堂也。"又《东观汉记》："汉孝为郎，每告归，往来尝白衣步担过道上邮亭，但称书生，寄止于亭门塾"）。门内有庭，次为听事，治事之所也（《汉书》龚舍传："使者至县，请舍，欲令至廷，拜受印绶。"师古曰："廷，谓县之庭内"）。郡府之听事，以黄涂之，曰：黄堂（《后汉书》郭丹传："敕以丹事编署黄堂，以为后法。"注："黄堂，太守之厅事"），证以丞相府黄阁，知两汉官寺之色尚黄，与后世稍异。然姬周之世，黄之为色，且次于苍（《礼记》：“楹，天子丹，诸侯黝，大夫苍，士黈”）。自两汉迄于六朝，以黄为官署之色（《陈书》萧摩诃传：“旧制三公黄阁听事，置鸱尾，后主特赐摩诃开黄阁”），遂启后代帝皇专用之渐，亦色彩嬗变之一证也。听事内或编署治迹（见《后汉书》郭丹传），或图形壁上，注其清浊进退，以昭炯芽（《后汉书》郡国志·河南尹·注，应劭引《汉官仪》曰：“郡府听事壁诸尹画赞，肇自建武，迄于阳嘉，注其清浊进退，所谓不隐过，不虚誉，甚得述事之实，后人是瞻。”又同书朱穆传·注：“穆监当就道，冀州从事欲为画像置听事上。穆留板书曰：勿画吾形，以为重负；忠义之未显，何形像之足纪也”）。而法制禁令，亦往往勒之乡亭（《后汉书》王景传：“遂铭石刻誓，令民知常禁。又训令蚕织，为作法制，皆著于乡亭”），足征政教兼施，有足多者。县寺之听事则曰：廷（《后汉书》郎凯传：“夜悬印绶于县廷而遁。”又见《汉书》田儋传）。以传舍推之，凡听事皆有东、西厢，而堂与东、西厢且无区隔（《后汉书》谢夷吾传：“行部始到南阳县，遇孝章皇帝巡狩，驾幸鲁阳。有诏荆州刺史入传，录见囚徒，诫长吏勿废旧仪，朕将览焉。上临西厢南面，夷吾处东厢，分帷隔中央，夷吾所决正一县三百余事，事与上合”），略似今五间之厅，中央三间为堂，左、右二间为厢，其间无墙壁之设，视当时宫殿、宅第稍异其制，岂其变体欤（宫殿之厢，见长安城与未央宫条，详后）。其侧有便坐，亚于听事，接见宾客及掾吏治事之所也（《汉书》文翁传：“常选学官童子，使在便坐受事。”师古曰：“便坐别坐可以视事，非正廷也。”时翁为蜀郡太守）。听事之后有垣，其门曰：阁（《后汉书》耿纯传：“固延请其兄弟皆入，乃闭阁，悉诛之”，故其有垣有阁）。阁内为舍，若第宅之后堂。凡京兆府（《汉书》郑崇传：“且当阖阁，勿有所问”）、郡府（《后汉书》朱博传：“于是府丞诣阁，博乃见”）、县寺（《后汉书》巴肃传：“见肃，入阁解印绶”）、亭（《汉书》韩延年传：“母大惊，便止都亭，不肯入府。延年出至都亭谒母，母闭阁不见”）、传舍（《汉书》韩延寿传：“是日移病不听事，因入卧传舍，闭阁思过”），皆如是。故太守、县令有过，每闭阁自省，亦有借此激发下僚者（《汉书》何并传：“诩本以孝行为官，谓掾吏为师友，有过辄闭阁自责。”又见同书韩延寿传，及《后汉书》吴祐传，朱博传）。阁内有庭（见《汉书》两龚传），有堂（见《后汉书》章帝纪，幸元氏条），有斋舍（《汉书》田延年传：“即闭阁自居齐舍。”师古曰：“齐读若斋”），有庑（见《后汉书》苏不韦传）。但亭、传之舍，兼息行旅，非专为亭长、传吏设也（《后汉书》第五伦传：“伦乃伪止亭舍，阴乘船去。”又见《汉书》黄霸传。乡亭之舍，见《后汉书》郭躬传）。

西汉官寺在长安者，往往杂处宫中，尚书、少府、卫尉及光禄、黄门无论矣，御史佐丞相总领天下（见《汉书》百官公卿表，及萧望之传），其府亦在宫内。而官寺不尽南向，且有东向辟门者（《汉书》晁错传：“内史府居太上庙堧中，门东出，不便”），皆其特异之点。若亭、传之制，两汉最称严密，用便邮递、行旅，兼为门吏、乡官治事之所。有都亭（见《史记》司马相如传，及《汉书》严延年传等）如后世关厢，可寓处（见严延年传，及《日知录》）。有旗亭（蔡质《汉旧仪》：“雒阳二十四街，街一亭；十二城门，门一亭；人谓之旗亭。”），上有楼以处掾吏（见《后汉书》费长房传，及《三辅黄图》，《风俗通》）。又有乡亭（见《后汉书》王景传），邮亭（《后汉书》赵孝传：“欲止邮亭。”又见《汉旧仪》），置卒，掌开闭扫除，逐捕贼（见《汉书》高祖纪·注）。而邮亭必高出道上，树桓表为标识（《汉书》尹赏传·注，如淳曰：“旧亭传于四角四百步，筑土四方，上有屋，屋上有柱，出高丈余，有大板贯柱四出，名曰：桓表”）。旁有饮食处曰：厨（《汉书》王莽传：“不持者，厨、传勿舍。”师古曰：“厨，道旁饮食处；传，置驿之舍”）。得蓄鸡、豚（见《汉书》黄霸传）。有舍，可停宿（《汉书》黄霸传：“吏出，不敢舍邮亭。”又见《后汉书》刘宠传，赵孝传，第五伦传），又有狱（见《汉官问答》引自百诗曰：“诗宜岸宜狱，陆曰：乡亭之系曰：岸”）。有楼（《汉书》匈奴传：“单于得欲刺之，尉吏知汉谋，乃下。”师古曰：“尉吏在亭楼上，虏欲以矛戟刺之，惧，乃自下，以谋告。”又见《后汉书》王忳传）。其附近有居民如镇集，故东汉封功臣为亭侯。而边徼之亭，具烽燧（《后汉书》光武帝纪：“筑亭侯，修烽燧。”《汉书音义》曰：“作高土台，设桔皐，端置兜零，实草其中，有急燃之，曰：烽。燔积薪，曰：燧”），有类城堡，故曰：亭障（《汉书》匈奴传：“见畜满野而无人牧者，怪之，乃攻亭。”又见同书息夫躬传，及《后汉书》公孙瓒传。亭障之名，见《汉书》匈奴、西域诸传）。但吴、越有以竹为亭椽者（《后汉书》蔡邕传注：“邕告吴人曰：吾昔尝经会稽高迁亭，见屋椽竹，东间第十六可以为笛”），则又因地制宜，繁简不拘一格矣。他若传舍可止宿（见《汉书》龚胜传，郦食其传；及《后汉书》任光、耿纯、刘玄、鲍永、桓晔、陈实、范滂等传），供饮食（《后汉书》光武帝纪：“至饶阳，传吏方进食”），有狱（《汉书》灌夫传：“蚡乃戏验缚夫置传舍，召长吏曰：……”）一如亭制。缘古者十里有庐，庐有饮食，三十里有宿，宿有路室（见《周礼》地官·遗人）。汉袭秦制，十里一亭，十亭一乡（见《汉书》百官公卿表），三十里一传（《后汉书》舆服志：“驿马三十里一置”）。虽亭主察奸而传供驿递，然二者皆供行旅舍息，而传舍亦可听讼（见《后汉书》谢夷吾传），名谓虽殊，功用实一也。至两汉官署上自丞相府下迄传舍，遍布国内，数目繁夥，良难算计，宜其败坏不可问矣。然汉制修治官寺、乡亭，著为令典，不胜任者先自劾，其循名核实，有非后人所可几及者（《后汉书》百官志·司徒·注，引哀帝元寿二年诏："官寺、乡亭漏败，墙垣弛坏不治，且无辩护者，不胜任，先自劾"）。顾亭林谓："古人所以百废具举者以此。"又谓："后世取州、县之财，纤毫尽归之于上，吏民交困，遂无修举之资"（《日知录》卷十二），诚洞察微隐，慨乎言之者矣。

两汉道路（附渴乌喷水）

古代道路之制，据《周礼》遂人·治野，有径、畛、涂、道、路五等。郑注谓："径容牛车，畛容大车，涂容乘车一轨，道容二轨，路容三轨。"皆所以通车徒于国者也（见《周礼》地官·司徒）。其道侧植木，则司险掌设五沟五涂，而树之林，以为阻固。盖植林为藩落，有变据以为守（见《周礼》夏官·司险），非仅以荫行人，增美观也。然始皇为驰道，植以青松，三丈而树（《汉书》贾山传："始皇为驰道于天下，东穷燕、齐，南极吴、楚，江湖之上，濒海之观毕至。道广五十步，三丈而树，厚筑其外，隐以金椎，树以青松"），已非军事施设。西汉之初，沿秦之旧，驰道犹存。惟汉制诸使有制得行驰道中者，行旁道，无得行中央三丈（《汉书》鲍宣传，如淳注），不如令，没入其车马（《汉书》翟方进传、江充传）。则中央三丈外，益以两侧驷车之道，其阔度或稍狭于秦驰道矣。至若汉长安、洛阳大道，皆具三涂（张衡《西京赋》："参涂夷庭。"又见《三辅黄图》及《御览》引陆机《洛阳记》），中央为御道，两则筑土墙，高四尺，惟公卿、尚书章服从中道，余左入右出，可并列车轨（见《三辅黄图》及《御览》引《洛阳记》），班氏《西都赋》谓，"披三条之广路"是也。道侧有沟（《汉书》刘屈厘传："死者数万人，血流入沟。"师古曰："沟，街衢之旁通水者也"），有树（《三辅黄图》谓："隐以金椎，周以林木"），其树则枣、椅、桐、梓（《后汉书》百官志："将作大匠掌修作宗庙、路寝、宫室、陵园土木之功，并树桐、梓之类，列于道侧。”注引《汉官篇》曰：“树枣、椅、桐、梓。胡广曰：四者皆木名，治宫室并主之”），及榆、槐（《御览》引《洛阳记》：“夹道种植榆、槐”）、杨（《三辅黄图》曰：“长安御沟谓之杨沟，谓植高杨于其上也”），盖列树以表道，并以为林囿。惟宫室结构必求巨木，此数者惟梓称良材，而巨者颇难得，余咸非栋梁之任。意者枣质坚韧，宜于雕饰及制车毂。桐、椅不生虫蠹，宜于髹器、家具、车轮。而榆、槐、杨三者长成颇速，俱北方常材，可供小式建筑之用者也。

汉道路立表标名（《汉书》原涉传：“买地开道，立表曰：南阳阡。”），且有洒水之制。据《后汉书》张让传：“毕岚作翻车、渴乌（注：翻车，设机车以引水；渴乌，为曲筒以气引水上也），施于桥西，用洒南、北郊路，省百姓洒道之费。”则其始郊道洒水，必由庶众任之，可以想见。惟渴乌之义不明，或状其形，或效吸水之音，颇难遽定。其云为曲筒以气引水上升，必为虹吸作用之抽水机无疑。顾史文简略，不能详其构造，且无图释，致此器失传，殊足惜耳。按灵帝中平三年，与翻车、渴乌同时制作者，尚有天禄、虾蟆吐水平门外（见《后汉书》灵帝纪，及张让传），似即今之喷水，其制作同出掖庭令毕岚，即桓、灵间操持国柄之十二常侍之一。但诸器果系毕氏所发明，抑其法传自西域诸国？尚属不明。说者谓东汉元会陈百戏，其鱼龙曼延即水戏之一（《后汉书》安帝纪：“罢鱼龙曼延百戏。”注引《汉官典职》曰：“舍利之兽，从西方来，戏于庭，入前殿，激水化成比目鱼，嗽水作雾化成黄龙，长八丈，出水遨游于庭，炫耀日光。”又见同书《礼仪志》朝会·注），而诸戏多“西南夷”所进，不无蛛丝马迹可寻。考汉武时，安息进黎轩眩人（《史记》大宛列传），安帝永宁间，掸国又进大秦幻人（《后汉书》安帝纪，及西南夷列传），黎轩即海西，亦即大秦（见《后汉书》西域传）。明末利马窦等东来，言大秦即罗马。近法人

图6 梁安成王墓表之座

伯希和引《那先比尼经》："我本生大秦国，国名阿荔散"，疑为埃及之亚历山大城（见冯承钧译《史地丛考》）。故大秦地点迄无定说，而史籍仅言吞刀、吐火、支解、跳丸诸术，未及水戏，似尚待广搜佐证加以论定耳。

东汉、六朝间，每以虾蟆以雕饰，除前述平门喷水外，或以承溜（《水经注》："汉张伯雅墓内池沼，皆蟾蜍、石隍承溜"），或以载墓表，如后世碑下之赑屃（图6系梁安成王萧秀墓表，在今南京东北三十里甘家巷），而苗族铜鼓、釜上，亦铸虾蟆为饰，且有大、小重叠三枚者，足窥古代习尚。因平门喷水之例，故并及之。

方

凡土作计掘土、填土者曰"方"。"方"者深一尺，广、袤各一丈，依体积言，适为百立方尺。而泥、木、彩画诸作，亦以面积折方为单位。清代自内庭工部下及全国，无不如是也。考《汉书》张汤传·方中·注，颜师古曰："古谓掘地为坑曰：'方'。今荆、楚俗，土功筑作，算程课者，犹以方计之。"其云古掘坑为方，虽未举其出处。惟师古唐人，据所引荆、楚之俗，则唐时已有此称，且筑作分筑基、筑墙二类。其施诸墙壁，必又有面积折方之法矣。

汉长安城及未央宫

汉长安位渭水南，与秦咸阳遥对，本依秦之离宫地而予扩郭。汉兴，萧何初缮长乐（长乐宫本秦之兴乐宫，见《三辅黄图》。《汉书》高帝纪："五年（公元前202年）九月治长乐宫。"叔孙通传："汉七年长乐宫成。"），嗣营未央（《汉书》高帝纪："七年萧何治未央宫，立东阙、北阙……"）。其城初极狭（见《三辅黄图》），惠帝元年、三年、五年凡四度筑城，五年（公元前190年）秋始成（《三辅黄图》及《长安志》，谓"惠帝元年（公元前194年）正月城长安。三年春发长安六百里内，男女十四万六千人，城长安三十日罢。六月发诸侯王、列侯徒隶二万人，城长安。五年正月，复发长安一百里内男女十四万五千人，城长安三十日罢。九月复作，城成"）。城高三丈五尺，雉高三版，下阔一丈五尺，上阔九尺（《三辅黄图》），周六十里，占地九百七十二顷（《汉官旧仪》）。外绕以池，广三丈，深二丈。辟门十二，每面三门（《三辅黄图》）。

长安有斗城之称，以南侧似南斗，而北侧类北斗（见宋·宋敏求《长安志》，引《周地图记》），一反"匠人营国，方九里"之制。求之历代京邑，仅艺祖初营汴京及洪武南京，亦作不规则之形耳。然按之事理，亦非有意为之。盖萧何初营长乐、未央，据岗丘之势（《三辅黄图》谓："因龙首山以制未央前殿。"），就秦离宫增补之。其后惠帝筑城，不惜委折迁就，包二宫于内（李好问谓，西、南二方凸出处，正当长乐、未央），好事者遂有南斗之称。其北城滨渭，若作方城，西北隅必当渭之中流，故顺河流之势，成曲折迂回之状，亦非尽类北斗也（图7）。

长安有九市，百六十里，八街，九陌（《三辅黄图》）。街有亭，里有门（《说文》："里门曰：闾。"《汉书》于定国传："少高大门闾，令容驷道高盖车"），有弹室，弹检一里之民（《周礼》地官·里宰·注），所以辨奸宄察出入也。市方二百六十步，六市在道西，三市在道东。市楼皆重屋，有旗亭、令署，以察商贾货财买卖、贸易之事。三辅都尉掌之（《三辅黄图》），若古之司市，掌市之治教、政刑、量度、禁令（《周礼》地官·司徒）。张衡《西京赋》谓"旗亭重立，俯察百隧"是也。惟长安地阔人稀，平帝时仅八万户二十四万余口（《汉书》地理志·京兆尹·长安·注），高、惠之际，当更少于此数。故其道衢、里、市颇称宏阔，而汉初公卿田宅得求穷僻处（《汉书》萧何传），不乏城市山林之趣。至若诸宫散布城中，宫阙之间，并有居民杂处，未遵《礼经》均衡对称之法，亦未若后代之有皇城、宫城区分内、外，厘然不紊。殆汉初兵革未除，萧何因陋就简，营缮宫室，未及筹划全局。惠帝城，又为地势所限，成此变态耳。其后隋文帝引为不便，于长安东南另筑新城，立外城、皇城、宫城三重。外城列市、坊以处商民。皇城之内，惟置台、省、府、寺。规制谨严，公私、内外皆以为便（见《长安志图》）。后世都邑虽间有参差，大都远绍《礼

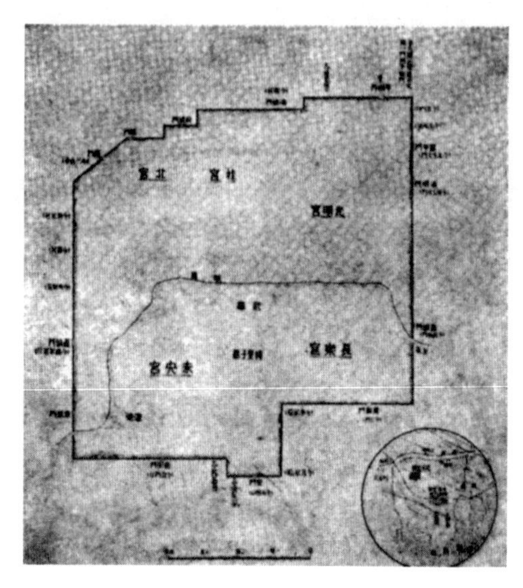

图7　汉长安城图　（自历史博物馆借摄）

经》，折衷隋制，一以整齐划一为归。故西汉之长安，不能不谓为历代都邑中之变体也。

西汉宫阙之在长安内者，有长安、未央、明光、桂、北诸宫。汉初高祖常止长乐，后太后亦常居之，史籍谓东朝者是也（《汉书》灌夫传："东朝廷辩之。"如淳曰："东朝太后常居之。"又见孙叔通传）。其自惠帝迄于平帝，皆居未央（《三辅黄图》），故未央为汉之正宫。高祖七年（公元前200年），萧何初立未央东阙、北阙、前殿、武库（见《汉书》高帝纪），及天禄、麒麟（《长安志》引《汉宫殿疏》："天禄阁、麒麟阁，萧何造，以藏秘书"）、石渠等阁（《三辅黄图》谓："石渠阁萧何造，其下礲石为渠以导水，若今御沟，因以阁名。所藏入关所得秦之图籍。至于成帝，又于此藏秘书焉。"）。惠帝时有凌室、织室（《汉书》惠帝纪）。文帝时有曲台、渐台、宣室、温室、承明（《汉书》翼奉传："孝文皇帝躬行节俭，外省徭役，其时未有甘泉、建章及上林中诸离宫馆也。未央宫又无高门、武台、麒麟、凤凰、白虎、玉华、金华之殿，独有前殿、曲台、渐台、宣室、温室、承明耳"）。其后武帝建柏梁台（《汉书》武帝纪："元鼎二年（公元前115年）春起柏梁台"），及高门、武台二殿（见《三辅黄图》）。而金马、白虎、长秋、青琐诸门，漪兰、清凉、白虎、玉堂、金华、麒麟、长年、椒房、凤凰诸殿，及昭阳、增城、椒风诸舍，虽未详其建造年代，要为惠帝以后，逐渐增筑，非酂侯初建时所有也。至其配列之状，典籍多未言及，其约略可知者，则东、北二阙内各有司马门（《汉书》五行志："王褒入北司马门。"又成帝纪："未央宫东司马门灾"），盖宫垣之内，兵卫所在，司马主武事，故以为名。门阙之间有衡马里树（《汉书》宣帝纪："鸾凤集长乐东阙中树上。"张晏曰："门外阙内衡马之里树也。"因长乐有此制，推未央亦如是也）。宫中之殿皆有门，曰：殿门（《汉书》叔孙通传，及成帝纪），以朱涂之（《汉旧仪》），其户有铜镮铺首（《汉书》五行志·中之上），亦有以青琐为饰（《长安志》有青琐门。《后汉书》百官志注："青琐，户边青镂也"）。小门曰：闼，涂以黄，曰：黄闼（《后汉书》百官志·注）。其前殿则为汉之大朝，有端门，殿正门也（《汉书》文帝"入未央宫，有谒者十人侍戟卫端门"。师古曰："殿之正门也"）。殿东有宣明、广明二殿，西有昆德、玉堂二殿（《三辅黄图》），又有白虎殿，亦在殿西，成帝曾朝单于于此（《汉书》王根传），疑为外臣朝觐之所也。前殿之北，有石渠、天禄二阁，皆藏秘笈（《长安志》引《三辅故事》）。内庭则宣室殿为汉诸帝之正寝（《汉书》武帝纪：窦太主置酒宣室，东方朔曰："宣室，先帝之正处也。"又见贾谊传，苏林注），依前殿、后寝之制，当在前殿之北。又有温室、清凉二殿（见《三辅黄图》，又见《汉书》霍光传："太后还，乘辇欲归温室"）。而椒房殿皇后所居（《汉书》外戚传，颜注），漪兰殿（《汉武故事》，王夫人生武帝于此）。昭阳舍（《汉书》赵昭仪居昭阳舍）、增城舍（《汉书》班倢伃居增城舍）、椒风舍（《汉书》董贤女弟为昭仪，名其舍为"椒风"，以配椒房）、掖庭（《汉官仪》谓倢伃以下皆居掖庭）皆妃殡所处。刘子骏谓繁华窈窕之栖宿（见《西京杂记》），均当属之内庭也。其柏梁台则在北阙内道西（《长安志》引《庙记》），渐台在前殿西南苍池中（《汉书》邓通传，颜师古注），武库在宫东南（见《长安志》）。惟曲台、金华（曲台说礼，金华说书，见《汉书》儒林传，及张禹传）、承明（著述之庭，见班固《西都赋》）、兰台（图籍所藏，见《汉书》百官表）、麒麟（宣帝图画功臣像于此，见《汉书》苏武传）、金马（金马门，宦者署名，见《史记》）、青琐、长年、神仙、飞羽、敬法、凤凰、晏昵、合欢、武台、承明诸门、殿，与御史、少府诸官署，及凌室、织室、暴室、周庐、马厩等，其分位悉无可考。而汉制宫中有殿中庐（《汉书》董贤传·及外戚传·许皇后条），供臣工止宿，其数亦当不少。故未央宫之范围，极为辽阔，可断言焉。顾自来文人所述，每多抵触，如《西京杂记》谓“宫周二十二里九十五步，台殿四十三，门闼九十有五”。《黄图》言“周二十八里”。《关中记》谓“周三十一里，台三十有二，殿门八十一，掖门十四”。除殿门、掖门，适符《西京杂记》所载，余皆差违甚巨，颇难引以为据。惟未央诸殿多截土山为基，素以崔嵬见称，虽时逾千载，台殿、楼阁化为烟雨，沦为尘壤，而故基犹有存者，异日发掘测量，或能追溯一二，补典籍之不备，亦非事理所绝不可能欤?

未央殿、阙配列之状，如前节所述，摭拾丛残，难明真相。然诸书所载略可征信者，或遵守周、秦遗法，或出当时独创，多与建筑史料有关。如宫周二十里，辟掖门十余所（《御览》：“汉制内至禁者为殿门，外出大道为掖门”），而萧何仅立北阙、东阙，其余曲籍亦未言西、南有阙者，殊为莫解。考西汉寝庙（《汉书》五行志：“永光四年孝宣杜陵园东阙南方灾。”“鸿嘉三年，孝景庙北阙灾。”“永始元年，戾后园南阙灾。”又高后纪五年：“城长陵，为殿，垣门四出”），丞相府（见《两汉宫署》条），皆具四阙，颜师古谓未央独异其制，且以北阙为朝谒正门，疑与厌胜有关（《汉书》高帝纪五年：“萧何治未央宫。”师古曰：“未央殿虽南向，而上书奏事、谒见之徒，皆诣北阙，公车司马亦在北焉，则以北阙为正门。而又有东门东阙，至于西、南两面无门阙矣。盖萧何初立未央宫，以厌胜之术，理宜然乎”）。意者，古代迷信之习甚深（殷、周筮卜盛行。《史记》且为日者龟卜立传。又高祖时，长官祀官女巫，有梁巫、晋巫、秦巫、荆巫、九天巫、河巫、南山巫数种，见《汉书》郊祀志·上），而汉初术士每尊东北，谓东北神明之舍，西方神明之墓，其八神之祀，七曰：日，八曰：四时，以迎日及岁首所在，亦主东北（《汉书》郊祀志·上），故颜氏之说，虽尚待疏证，然亦非全无根据者也。若西汉奏事（《注书》昭帝纪："张延年诣北阙，自称卫太子"），旌功（《汉书》武帝纪："元封元年，遣使者告单于曰：南越王头已悬于汉北阙矣。"又傅介子传："斩楼南王安归首，悬之北阙。"又见西域传·鄯善国条），皆于北阙为之。公卿第宅，有东第（《史记》司马相如传："位为通侯，居列东第"）、北第，如管子仕者近宫之说。然以北第为最尊（《汉书》夏侯婴传："乃赐婴北第第一，曰：近我，以尊异之。"师古曰："北第者近北阙之第，婴最第一也。"又张衡《西京赋》："北阙甲第，当道直启"）。第门向北阙者大不敬（见《汉书》董贤传）。则北阙为未央宫正门，亦事有可信者矣。按历代离、别馆，不乏西、北二向阙门，如唐之兴圣、翠微等宫，其例不遑枚举。独大朝正殿及宫城巍阙，无不南向。汉之未央前殿，如叔孙通传所云，亦南向之一，未乖常制，则其臣工期谒奏事，入北阙南行，复自南折北，遄赴前殿，途径迂迴，大背皇居庄严之旨，实开数千年未有之例也。

汉诸宫皆有前殿，一如《史记》载秦阿房前殿之例。独无《礼经》外朝、治朝、燕朝之法，其事尤为怪异。愚尝考未央前殿仅供元会大朝及婚、丧、即位诸大典之用，其庶政委诸丞相，故以丞相府为外朝（见《两汉官署》条）。大司马、左右前后将军、侍中、常侍、散骑诸吏为内朝（《汉书》刘辅传，孟康注），亦曰：中朝。盖文帝时未央仅有前殿、曲台、渐台、宣室、温室、承明数者（见《汉书》翼奉传）。而曲台者后苍说礼之处，渐台在苍池中，王莽死于是。宣室、温室属内庭，独承明为便殿，即上官太后废冒邑王处，在金马门内（见《汉书》霍光传，及外戚传），然非居未央前殿之后，如古制三朝之衔接相承也。窃意楚、汉之际，天下汹汹未定，萧何营前殿，已遭高祖责难，必无余力一一追模旧法。且高祖素恶儒生，其时仅一叔孙通依违其间，而六经未出，古制荒湮。萧何故秦吏也。长乐故秦离宫也，而匠目习阿房也，当时经营，或以秦宫为范。故未央有前殿，如阿房前殿、甘泉前殿之称。

且云前殿，必有后寝，故又以宣室为正寝（见前注）。降及东汉南宫，犹有玉堂前殿、玉堂后殿（《后汉书》顺帝纪，及灵帝纪），显然犹袭秦制也。其后隋文帝另营长安，追绍《礼经》，以承天门为大朝，大兴、两仪二殿为常朝、日朝。而唐营东内，设大庆、文德、紫宸三殿。其制益备。宗艺祖营汴京，取则唐之东京，设大庆、文德、紫宸三殿。洪武光复华夏，刻意复古，其南京之奉天、华盖、谨身三殿，亦即三朝遗意。永乐北迁，规模益宏，三朝之制，沿袭未替。至清则为太和、中和、保和三殿。故愚尝谓隋、唐、宋、明、清五代之外廷配置，同受《礼经》支配，截然自成一系。而隋文帝又为此式复兴之张本者，在建筑史中所处地位，颇为重要。惟西汉承周、秦之后，未遵《礼经》三朝衔接之法，岂诸经遭秦火之厄，出自山岩屋壁，脱伪滋多，不足尽信。抑秦僻处西陲，其宫室配列与周制稍异其趣耶？此均重要问题，亟待疏论，而在史证缺乏之今日，又非可急遽解决者也。

古宫室基座之高者无如台榭，然台榭属诸苑囿，其高巨逾桓者，每斥为奢放，亦不常见（如桀营夏台，纣建鹿台、苑台）。若堂、殿之基，非尽崇伟也（《礼记》：“天子之堂九尺，诸侯七尺，大夫五尺，士三尺”）。惟周中世以降，雕墙之习，累土之功，日趋华靡。赵之丛台，连聚非一，故以丛名（见《汉书》高后纪，颜师古注）。而燕故都遗址，巍然留存者，今犹三十余所。似周末殿基多如是，不仅限于台榭矣。其后始皇混一宇内，崇宫室以威四海，其阿房前殿之基，下可建五丈旗（见《史记》始皇本纪）。西汉宫阙，亦竞尚嶷岌，渺若仙居。元·李好问谓：“予至长安，亲见汉宫故址，皆因高为基，突兀峻峙，崒然山出，如未央、神明、井干之基皆然，望之使人神志不觉森竦，使当时楼观在上，又当如何？”又云：“汉台殿、城阙皆裁土山为之，是以高大数千年不圮。”由是而言，张、班诸赋及稗官野乘所言，虽稍失之夸大，然汉尺视今尺略短（据吴大澄《秦、汉权衡度量实验考》载汉虑傂铜尺合0.284米），自平地起算，含台基于内，所述恐非尽属虚妄也。至鄼侯营未央诸殿，因山为基（宋氏《长安志》引《三秦记》："疏龙首山为台殿，殿址不假版筑"），自属事半功倍，顾亦循袭旧法，非出创制（《史记》始皇本纪："表面山之巅以为阙"）。其后石虎营太武殿，下置伏室卫士（《晋书》石季龙传："太武殿基高二丈八尺，以文石砌之。下穿伏室，置卫士五百人于其中。"）。则平地为台，避累土之烦，巧事利用者矣。他若阁道之设，因台而生，殆无疑义。盖阁者，搁也，险绝之地，傍山凿岩，以木支搁为道，故栈道亦名阁道（《史记》高祖纪："去辄烧绝栈道。"《索隐》曰："栈道，阁道也"）。其后台殿崔巍，架木为道以通车，其制当仿自栈道。而架下空虚，仍可通行，上、下有道，又有复道之称（《史记》留侯世家："上在雒阳南宫，从复道望见诸将。"韦昭曰："阁道也"）。故阁道之普通者，必为木构。有柱，有梁，其上搁板如津梁，两侧有窗（《后汉书》何进传："尚书卢植执戈于阁道窗下，仰数段珪，段珪等惧，乃释太后，太后投阁得免"）。亦有室，曰：阁室（《汉书》霍光传："具祠阁室中。"如淳曰："阁室，阁道之有室者"）。有屋盖，故与高廊并称（《汉书》元后传："高廊阁道，连属弥望"），外涂以紫，又名紫房复道（《汉书》孔光传"北宫有紫房复道，通未央宫"）。其状或如今黔、湘间之廊桥，甍宇连属，亘若长虹。不仅殿、阁间之交通，惟此是赖，汉世长安诸宫，亦皆联以阁道，潜通内、外（张衡《西京赋》），其巨者且超逾城墉，自未央直达建章（班固《西都赋》："修除飞阁，自未央而连桂宫，北弥明光而亘长乐，陵磴道而超西墉，掍建章而连外属"）。惟后世台基之制渐低，阁道遂归废弃。今朝鲜宫殿中犹有架空之廊，连属殿舍间，或其流裔欤（图8）。

我国宫殿之结构，系聚合多数之殿，均衡排列，连以阁道，绕以栏廊，区以墙垣，虽外观复杂崚层，而结构原则则极简单，盖只以殿为

图8 朝鲜景福宫集玉斋之廊（自朝鲜古迹图谱重摄）

单位故也。未央宫殿之区布结构交通，已略如前述。若其前殿之状，则外有殿门，颜师古谓即端门（见前述殿正门注）。门内有庭（《汉书》叔孙通传："汉七年，长乐宫成，诸侯、群臣朝十月仪，先平明，谒者治礼，引以次入殿门，庭中陈车骑，戍卒卫官，设兵，张旗志"），其面积至广（《后汉书》礼仪志·岁首大朝·注，引蔡质《汉官仪》曰："正月旦，天子幸德阳殿，临轩……德阳殿周旋容万人。"因东汉正朝之德阳殿，推未央前殿亦如是也），置钟簴（《后汉书》董卓传："悉取洛阳及长安铜人钟簴。"注曰："钟簴，以铜为之，故贾山上书云，悬石铸钟簴。"又顺帝纪："迎济阴王于德阳殿西钟下。"按贾山西汉人，以德阳殿推之，亦知有钟簴）。设中道，仅乘舆及令使、司隶校尉得行之（《后汉书》百官志·司隶校尉·注，引蔡质《汉官仪》曰："入宫开中道，称使者。"）。朝会陈车骑，设兵，张旗志，功臣、列侯、诸将军陈西方，东乡；文官、丞相陈东方，西乡（《汉书》叔孙通传）。其北则为前殿，汉之大朝正殿也。殿居庭中，故又有东庭、西庭（《后汉书》灵帝纪："有黑气堕北宫温明殿东庭中。"以东汉诸制遵西汉旧规，故推其如是）。其周有垣，亦曰：阁（《汉书》王莽传："烈风毁王路西厢及后阁……东僵击东阁，阁即东永巷之西垣也”）。有东门（《汉书》五行志·成帝绥和二年（公元前7年），“郑通里男子王褒，入殿东门，上前殿。”师古曰“入殿之东门也”，有门必有垣可知），后闼（《后汉书》张步传：“即带剑至宣德后闼。”注：“未央宫有宣德殿。”闼，宫中门也。以宣德推前殿如是），其西侧亦当有门（《汉书》王商传：“单于来朝，引见白虎殿。丞相商座未央庭中，单于前拜谒商。”师古曰：“单于将见天子，而经未央庭中过也。”按《汉书》元后传：“土山渐台西白虎”，则白虎殿在前殿西，有门可知。又《后汉书》桓帝纪：“德阳殿西阁黄门北寺火。”阁，门也），而前殿必非孤立庭中，其前、后、左、右当有殿、阁拥簇，如今清宫太和殿之状。《黄图》谓东有宣明、广明二殿，西有昆德、玉堂二殿，或俱在周垣之内，亦难度知。又以东汉之例推之，殿、阁间或有廊庑联络（《后汉书》马援传·注：“时上在宣德殿南庑下。南庑，殿南之门侧廊屋也”）。此前殿周围情况略可推知者也。

殿之基有二，下曰：坛陛，上曰：阶。未央诸宫皆截土山为基，坛必甚高，其表面或如东汉德阳殿以石饰之（《后汉书》礼仪志·岁首大朝·注：“德阳殿陛高二丈，皆文石作坛。”）坛之角石曰：隅，侧石曰：廉（《仪礼》乡饮酒：“设席于堂廉东上。”郑注：“侧边曰：廉。”又《汉书》贾谊传：“廉远地则堂高。”师古曰：“侧隅也”），或作礸，从石，亦为石砌之证。故张衡谓之“设切厓隒。有陛，其数不一（《汉书》叔孙通传：“殿下郎挟陛，陛数百人”），颇难擅拟。以愚意测之，正面或为二陛，如汉赋云“左碱右平”，碱者阶齿，平者若坡（见张衡《西京赋》）。因汉承周制，堂、殿皆有东、西阶（堂有二阶，见前《两汉第宅》杂观条，殿阶详后），则陛亦应有东、西之别。在东为左，在西为右，古习以西为尊，故平者居右，便辇车升降，似无后世中、左、右三道之设也。其东、西、北三面亦当陛（《后汉书》礼仪志·冬至仪："以皂囊送西陛。"）坛陛之上有栏槛环绕（《史记》滑稽列传："优旃临槛大呼曰：陛楯郎。"郎，执楯立于陛侧者也）。其上有平台曰：中庭，以朱涂之（《汉书》外戚传·赵皇后条："昭仪居昭阳舍，其中庭彤朱而殿上髹漆。"又班固《西都赋》："玉阶彤庭"）。次为阶，殿本身之基台也。其升降亦如古之东、西二阶（《汉书》王莽传："莽亲迎于前殿二阶间"），故大丧及即位奉册礼，三公、太尉升自阼阶（《后汉书》礼仪志·大丧礼："三公升自阼阶，即位仪，太尉升自阼阶。阼阶，东阶也"），其制至唐初犹有存者（见《中国营造学社汇刊》第三卷第一期西安大雁塔门楣雕刻）。阶三层（张衡《西京赋》："重轩三阶"），左楯右平，齿各九级（见《西京赋》注）。阶之结构，下必以石，故班氏谓之玉阶（班固《西都赋》："玉阶彤庭"），但其上当为木构，非若后世殿阁须弥座皆石砌也。紫江朱桂辛先生谓："古代殿阶如今东瀛之状，以木柱为足而虚其下，惟木质易腐，后世易木为石，再进为须弥座。今朝鲜宫殿之阶，下累石座二层，上置小石柱，为过渡时代之构造。"（图9）窃意此论甚当，盖古俗以席布地为坐，西汉朝会，惟皇帝坐床上，余皆铺幅席，前设筳（见瞿兑之《汉代风俗制度史》引《御览》），苟累土砌石为座，则潮湿依土上升，焉适席坐之用。故阶下层为石，为砖，为土，虽不

图9　朝鲜景福宫交泰殿之阶（自朝鲜古迹图谱重摄）

拘一格，然其础礩之上，必构木为架以受床席（图10）。即易为砖石之柱，亦必空窃通风。故墨子云“宫室之法，高足以避湿润”，非徒壮观瞻，别尊卑，从可知也。后汉已有胡床（见《后汉书》卷二十三·五行志，《三国志》魏志·武帝纪注）。其后六朝之际，胡坐盛行。（《世说》：“庾亮据胡床，与诸贤士谈论竟夕。”又《梁书》侯景传：“置筌蹄，垂脚坐。”）隋改胡床为交床（《大业杂记》），唐穆宗时复改为绳床（见《演繁露》）[①]，席坐之风乃绝。宋·李诫《营造法式》所

图10　朝鲜嵩阳书院讲堂之阶（自朝鲜古迹图谱重摄）

① ［作者眉批］：“胡床又见《后汉书》卷二十三·五行志；《三国志》魏志·武帝纪·注，及同书卷十六·苏则传；《晋书》卷四十二·王浑传，及同王导书传、戴若思传、庾亮传、桓伊传、张轨传、苏峻传；《魏书》裴叔业传、尔朱彦伯传、秃发乌孤传；《北齐书》神武纪·下，武成胡后传；《南齐书》柳生隆传、荀伯玉传、张岱传、刘瓛传、韦放传、王僧辩传；《隋书》尔朱敞传，郑善果母传等。”绳床又见《资治通鉴》卷二四二·唐纪·穆宗条及王鸣盛《十七史商榷》卷二十四。

图堂殿，遂皆为须弥座。故愚意阶制之变迁，与席坐之兴废互为因果，其时期虽难确定，当在六朝、隋、唐之间焉。阶上周殿皆设栏楯，其版曰：槛（《汉书》史丹传："置鼙鼓殿下，天子自临轩槛上，隤铜丸以取摘鼓。"师古曰："槛，版也。"又外戚传·冯昭仪条："熊佚出圈，攀槛欲上殿"），横木曰：衡（《汉书》爰盎传，"百金之子不骑衡"），即宋之寻仗，殆以木为之，但东汉有以铜制者（《后汉书》董卓传·注："太史灵台及永安侯铜栏楯，卓亦取之"），或袭西汉之法，未可知也。

前殿之平面比例，《黄图》谓东西五十丈，南北十五丈，今以清营造尺与汉虑傂尺较之，后者约短四分之一强（吴氏《秦、汉权衡度量实验考》载汉虑傂铜尺，合乾隆六年工部营造尺七寸三分八厘），汉初之尺当视此更短（吴氏周代黄钟律琯尺较虑傂尺更短，详后。又我国历代尺度，由短而长，见王国维《观堂集林》，则汉初之尺应在二者之间）。再就前殿包容多数厢、室之点而言，《黄图》所云，或距事实未远（详后节）。而诸书所记秦、汉各殿，多为长方形，亦皆一致。如阿房前殿（《史记》谓："东西五百步，南北五十丈，上可坐万人"），长乐前殿（《三辅黄图》引《宫殿疏》："东西四十九丈七尺，两杼中三十五丈，深十二丈"），鲁恭王灵光殿（《汉书》谓：东西二十丈，南北十二丈），东汉德阳殿（《后汉书》谓：东西三十七丈四尺，南北七丈）。诸殿之广与深约为5：1至5：3之间，与清太和、保和二殿大体略合（太和殿东西60.75米，南北30.93米；保和殿东西46.76米，南北20.82米；为5：2.5及5：2.2）。盖殿过深则柁梁之材难得，且屋顶高大逾恒，轻重倒置，亦非宜于建筑均衡之美。故夏、周九七之比（《周礼》考工记：夏氏世室，堂修二七，广四修一。郑注：夏度以步，每步五尺，堂修十四步，计七十尺，广益以修之四分之一，即十七步半，合八十七尺半。又周人明堂，东西九筵，南北七筵，每筵九尺，计广八十一尺，修六十一尺），仅见于古代规模狭小之殿（吴大澄《秦、汉权衡度量实验考》所收周黄钟律琯尺，合乾隆六年营造尺六寸七分六厘，即0.217米），不适后代皇帝夸张威慑之工具，固甚明显。同时殿之平面配置，自略近方形之九七比例，进为狭长之形，其途径亦昭然若揭。而西汉前殿之内，亦非若今太和、保和诸殿，廓然空洞，了无区隔。何者，西汉去古未远，旧制未沫，如东厢（《汉书》晁错传："乃屏错，错趋避东厢，甚恨"），西厢（《汉书》王莽传："见于王路室者，张于西厢"，王路室即未央前殿，莽更此名），即其最著之例。又有房（《史记》孝武纪：夏有芝生殿房中，若见有光云，乃下诏曰："甘泉房中生芝九茎，赦天下勿复有作。"以甘泉前殿推未央前殿亦如是），有室（《汉书》叔孙通传："于是皇帝辇出房。"又见《后汉书》公孙述传），室有牖（《后汉书》礼仪志·大丧仪·注，引《汉旧仪》曰："高祖崩三日，小敛室中牖下，作栗木主置牖中，望外……七日大敛棺，以黍饭、羊舌，祭之牖中"），俱如古制。余有非常室（《汉书》五行志："成帝绥和二年，郑通里男子王褒，衣绛衣，小冠带剑，入北司马门，殿东门、上前殿，入非常室中，解帷组结佩之。"如淳注曰："殿上室名"），及后阁，后阁者更衣之所，似在殿之北部（《汉书》王莽传："烈风毁王路西厢，及后阁更衣中室"），顾前殿东西狭长，各室虽以帷幕分划（见非常室注），而区布之法不明，非常室之位置，亦难决定。以愚意揣之，各室之长短宽狭，必非一一悉如旧规（《说文》："厢，廊也。"《玉篇》："厢为东、西序。"盖汉以东、西廊为厢，夹堂室，与古稍异，见金鹗《求古堂礼说》）。故周制逐渐消灭，其故非一，而殿平面比例之变迁，不失其一也。就中流传最久者无如东、西二厢，不仅东汉如是（《后汉书》虞诩传："奸臣张防何不下殿，防不得已，趋就东厢"），自东晋（陈翙《邺中记》："石虎正会殿前，有白龙樽；作金龙于东厢，西向"），南齐（《齐书》

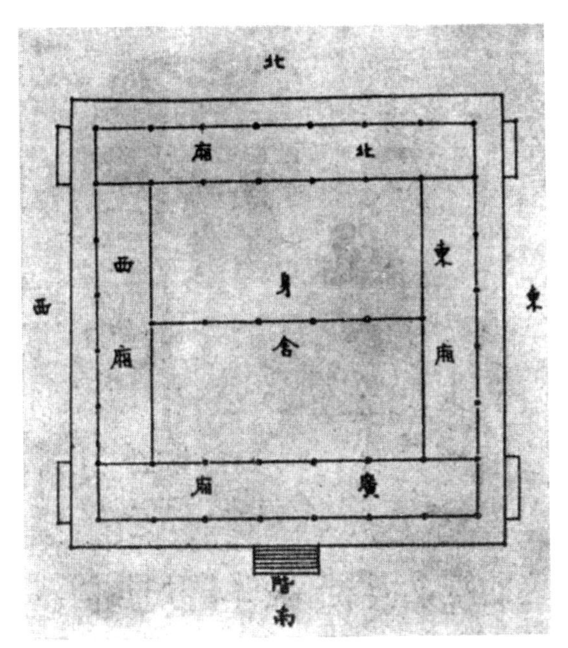

图11　日本古代寝殿平面图（自《宫殿调度图解》重录）

五行志：“永元三年二月乾和殿西厢火”），下迄隋初（《隋书》经籍志：“炀帝于东都观文殿东、西厢构屋以贮之”），犹存其法。唐、宋以降，厢夹之名，阒然无闻。然东瀛古代之殿，亦有东、西厢之称（图11），此或南北朝及隋、唐之际，自新罗、高句丽流传异域者。至于清太和殿之东、西夹室，即汉夹堂之廊，其为追仿旧法，又无疑也。

汉东、西厢如许叔慎所云，虽与《礼经》位于东、西夹前者稍异，然其面积颇大，非如后世狭隘之廊也。据《黄图》引《宫殿疏》，“长乐前殿东西四十九丈七尺，两杼中三十丈，深二十丈”，其东西之阔与未央前殿略同。按杼即序，亦即厢（《说文》：“厢，廊也，廊，东、西序也”），则堂阔三十五丈，厢阔七丈三尺五寸，厢约为堂阔五分之一，殿七分之一，益以南北十二丈，亦可云巨矣。愚初颇疑其广阔失当，不足尽信。嗣知两汉之厢，其用途亦异于后世之廊，盖东厢者，群臣白事之室（《汉官旧仪》：“丞相府西曹六人，其五人往来白事东厢，为侍中，一人留府”），待驾之所（《汉书》王莽传：“太后诏谒者引莽待殿东厢”），间亦召见臣工于是（《汉书》董贤传：“哀帝崩，太皇太后召大司马贤，引见东厢，问以丧事”），而太子视膳（《后汉书》班彪传：“旧制：太子食汤沐十县，设周卫交戟，五日一朝，因坐东厢省视膳食”），乃岁旱天子祈雨，亦于东厢为之（《后汉书》周举传，河南三辅大旱，五谷灾傷，天子亲自露坐德阳殿东厢请雨），则东厢为汉诸帝处决政务之便殿，亦为侍膳之室，附设于殿内者。故秦、汉前殿，系聚合正殿、便殿及其他附设室于一处，非若明、清正朝大殿，只供朝觐之用，宜其规模宏巨，非后世所有也。至于长乐前殿两杼间之阔，以虑俿尺计之，合乾隆六年营造尺二十二丈一尺四寸，即64.43米，与今太和殿略同，如获汉初之尺较之，其差当益接近。故二者之差，仅为东、西厢之阔，苟后者增建二厢，其阔即与长乐前殿等矣。又就进深言之，虑俿尺十二丈，合前述营造尺八丈八尺五寸六分，约27米，较太和殿略小。而未央前殿，深十五丈，依虑俿尺言，合营造尺十一丈七寸，即33.74米，大于太和殿仅二米余，然则《宫殿疏》所述，亦非全出事理之外也。他若东厢之在寝殿者，乃正寝之东、西室（《汉书》周昌传：“吕后侧耳于东厢听。”师古曰：“正寝之东、西室皆曰：厢，言形以厢箧之形”）,可自此直达卧内，为出入之道（《汉书》金日磾传：“何罗褏白刃由东厢上，见日磾，色变，直趋卧内，欲入……日磾捽胡投何罗殿下”）。宛若今五间或七间之厅，其夹堂之侧房，即东、西二厢。但东厢以外，诸书言西厢者甚少，仅王莽传：“皇太子临久病虽瘳，不平，朝见挈茵舆行，见王路堂者，张于西厢。”（《汉书》卷九十九·下），则临病后朝见，特设帐于西厢，必为清静闲宴之地无疑，故厢内又有西清之称（扬雄《甘泉赋》：“溶万后于西清。”师古曰：“西清，西厢清闲之处也。”又见司马相如《上林赋》，王延寿《鲁灵光殿赋》），由是观之，非常室或在西厢之内，亦难言也。

建筑中同名异物，数见不鲜，然无繁复难辨如“轩”者。盖小室曰：轩，楼板曰：轩（《楚辞》："绥槛层轩。"王逸曰："轩，楼板也"），长廊有窗者亦曰：轩（张衡《蜀都赋》："开高轩以临山。"注："堂左、右长廊之有窗者"），其义不一。若汉制天子临轩，则为殿堂前檐特起，曲椽无脊，若今卷棚式及南方"和尚领"之状，故天子不御正座而御平台者曰：临轩。考轩之起源，出自车制。《说文》曲辀轓车谓之轩；轓即藩，车两侧之屏蔽，编竹为之。轓上隆屈若弓者，曰：盖轑，楚以外谓之"篷"（见《方言》，《释名》，及戴东原《考工记图》）。惟轓与盖轑限于车身之长，无以庇御者，乃复于车前为屈篷前出，曰：轩。夫人、卿大夫所御者也（《左传》："归夫人鱼轩。"又云："鹤有乘轩者"）。其轩亦有高出盖轑者，故《诗云》："戎车既安，如轾如轩。"注曰："轩车却而后也。"至若建筑物之有轩，其初仅于檐下垂板以蔽风雨，其板自檐端引下，以斜撑支于柱之外侧，称为："引檐"（见李诫《营造法式》卷六·小木作。又日本法隆寺檐下亦如是）。惟引檐呰弱易毁，且外观简陋，非宜于庄严堂殿，故于殿前设廊，隆屈如车轩之状，亦谓之轩。今南方寺庙、住宅厅堂之前廊，上施曲椽如弓，覆薄板，苏、常间称为"鹤颈轩"，其名其状，皆与古合，可云信而有征者也。若西汉前殿之轩，复霤重叠，《西京赋》谓为"重轩三阶"，已非引檐可比。而曹氏父子营邺者，周殿为轩，又不仅限于南面（左思《魏都赋》："周轩中天"），其结构似更趋繁复矣。

殿有户，户外为帘（《汉书》外戚传·孝成赵皇后条："严持箧书置饰室南帘去，帝与昭仪坐，使客子解箧缄。未已，帝使客子偏兼皆出，自闭户，独与昭仪在。"因饰室推前殿亦如是），故太后临朝谓之"垂帘"，所以障蔽内、外也。殿内铺席为坐（见前注），然未央宫殿有设地毡者，度前殿或亦如之（《西京杂记》："温室规地以罽宾氍毹。"温室，未央内庭之殿名也。又《汉书》王吉传："广厦之下，细旃之上”）。御座则设床上（见前注），以帐为饰，曰：武帐（《汉书》霍光传：“皇太后被珠襦盛服坐武帐中，侍御数百人，皆持兵……群臣以次上殿”）。帐有帏（《汉书》汲黯传：“上尝坐武帐，黯前奏事，上不冠，望见黯，避帐中，使人可其奏”），置五兵于中，故名（汲黯传·孟康注曰：“今御武帐置兵阑、五兵于帐中也”）。武帝时帐有甲、乙之别（《汉书》西域传：“兴造甲、乙之帐。”注曰：“以甲、乙次第名之也。”东方朔传：“陛下诚能推甲、乙之帐，焚之四通之衢。”又见同书卷七十二·禹贡传。《西京杂记》则云：“上以琉璃、珠玉、明月、夜光，杂错天下珍宝为甲帐，其次为乙帐；甲以居神，乙以自居”）。六朝之际，史籍言帐者不一（《南史》宋高帝纪：内殿施黄纱帐。又见梁武帝纪，张贵妃传等），疑与席坐之习相终始也。西汉朝会除便面（用以障面，盖扇之类也，亦称“屏面”。见《汉书》王莽传及张敞传），御座前亦设屏。屏者，临见屏气之处（《风俗通》，示臣临见自整屏气处也。《汉书》外戚传·孝成赵皇后条：“须臾开户，滹客子偏兼使緎封箧及绿绨方底，推置屏风东。”又《汉书》叙传“时乘舆幄坐，张画屏风”）。以孟尝君传推之，座后亦当有屏（《史记》孟尝君传：“待客坐语，而屏风后尝有侍史，主记君与客语”）。至若殿内各室以帷幕分隔，非皆一一有壁（见前述非常室），且得随时悬幕为房室，似极自由（见《两汉官署》引谢夷吾传）。帷皆有组绶，所以系帷，并垂以为饰，悉席坐建筑之特点，似非后世所有也。而西汉之墙，亦有壁衣（《汉书》贾谊传：“美者黼绣，今富人大贾嘉会召客者以被墙”），班氏谓为“屋不呈材，墙不露形，裛以藻绣，络以纶连”，此或同处殿内，与帷幕具连带关系者欤?

《三辅黄图》谓：“未央前殿至孝武时，以木兰为棼橑，文杏为梁柱”，又谓“雕楹玉碣。”其柱上之梁曰：虹梁（张衡《西京赋》：“抗应龙之虹梁。”梁·李善注曰：“形似龙而曲如虹也”），《尔雅》："宎廇谓之梁"，《毛传》：罶，曲梁也。廇、罶音近，故云：宎廇。其后刻木以象古制，如黄以周之释克，则系有意为之（见黄氏《经说略》）。故汉之应龙，殆亦雕饰之属，非天然曲木甚明。今清宫建筑虽无此制，而南中月梁承唐、宋余绪，犹存旧时面影也。其浮柱、槺、棼、极、桴、榱、榴数者，后人诠释綦详，今无再及。独王延寿《鲁灵光殿赋》叙斗拱之状，自下而上，曰：栌，曰：枅，曰：栭，曰：枝橕，程序甚清（"层栌磥垝以岌峨，曲枅要绍而环句，芝栭攒罗以戢孴，枝橕杈枒而斜据，傍夭蟜以横出，互黝纠而搏负，下岪蔚以璀错，上崎嶬而重注，捷猎鳞集，支离分赴，纵横骆驿，各有所趣"），而李明仲以枝橕为脊槫间之斜柱（见李诫《营造法式》卷一·总释·上），私意引为未当。盖原文首言结构层次，次状其纵横丛聚之形，文义极为明晰。故栌为座斗，枅为拱、翘，栭为拱上升、斗，栭上斜据者宜属之下昂，未可训为槫间之斜柱，按之构造方则，似应若此也。他若殿中藻井，此当栋下（张衡《西京赋》："蒂倒茄于藻井，披红葩之狎猎"，注曰："藻井当栋，交木为之，如井干也"）。依南北朝石窟之天顶言，中央或为方井斜上，覆以平顶，后世殿阁中斗八，即自此演进者。但云冈石窟偶有方形小井中镌莲瓣，西汉栋下藻井之四周，是否配列小井如近世之状，尚难悬断耳。其井内以菱藻、荷渠为饰，则基于厌胜之说（《灵光殿赋》："圜渊方井，反植荷渠。"又《风俗通》曰："今殿作天井，井者东井之象也，菱水中之物，皆所以厌火也"）。此在术士、巫蛊盛行之西汉，藻井以外，鸱尾亦其一端，固无足异（《墨客挥犀》谓汉以宫殿多灾，术者言天上有鱼尾星，宜为其象以禳之，始有此饰）。惟《论语》："山节藻棁"，已有先例，非自两汉始也。

汉人每言壁带（《汉书》外戚传·赵皇后条："白玉阶壁带。"又同书翼奉传："二年戊午，地大震于陇西郡，毁落太上庙殿壁木饰"），颜师古谓为"壁之横木，露出如带"，疑即各柱间之梁枋也。

壁带之上，往往饰以黄金釭，函蓝田璧、明珠、翠羽数者（见赵皇后条），按釭者车轮之毂，空其中以受轴，其形圆，以金为之，釭中杂错玉璧、明珠、翠羽之属（见前条晋灼及颜师古注。又《黄图》未央前殿，“黄金为壁带，间以和氏珍玉，风至其声玲珑然”），故又云：列钱（班固《西都赋》：“金釭衔璧，是为列钱。”注曰：“行列似钱也”）。余如华榱、璧珰（见《黄图》未央前殿条。又班固《西京赋》：“裁金璧以饰珰。”韦昭曰：裁金为璧，以当榱头），铜切冒，黄金涂（外戚传·赵皇后条：“切皆铜沓冒，黄金涂。”师古曰：切，门限也）。金铺（司马相如《长门赋》：“挤玉户以撼金铺兮。”以金为户之铺首也），琉璃窗（《西京杂记》：昭阳殿“窗扉多是绿琉璃，亦皆达照毛发，不得藏也”），俱以金玉、珍异为饰。梁、柱之端，则束以带环，防木之溃裂（《后汉书》礼仪志·注：“德阳殿一柱三带”）。后世物力不逮，惟以彩画模仿旧时形象，如明、清梁、枋彩画之箍头，即其遗制。而朝鲜宫殿之柱端（见《朝鲜古迹图谱》），且有实物存焉。至西汉彩画，董贤宅（《西京杂记》：“柱壁皆画云气花卉，山灵鬼怪”），及《灵光殿赋》（“图画天地，品类群生，杂物奇怪，山神海灵，写载其状，托之丹青”）所言，多取材自然物（《灵光殿赋》言：“飞禽走兽，奔虎虬龙，朱鸟腾虵，白鹿蟠螭，狡兔猨狖，玄态胡人，神仙玉女，其类不一”），尚存《礼记》棁画侏儒之习。而当时壁画，以胡粉为地，界以青紫，颇与彩画类似（《汉代风俗制度史》引蔡质《汉官典质》：“明光殿省中皆以胡粉涂殿，紫青界之，画古烈士重行、书赞云”），疑古之画工皆能为此二者，若麒麟阁（《汉书》苏武传：“宣帝图画功臣像于此”），甲馆画堂（《汉书》元后传：“生成帝于甲馆画堂”），画室（《汉书》霍光传：“止画室中不入”），西阁（《汉书》杨敞传：“上观西阁上画人”），及广川王殿门（《汉书》广川惠王传：“其殿门有成庆画，短衣大袴长剑。”又云："画工画望卿舍。"望卿，王姬也），青汉壁画之例。东汉武梁祠诸石刻，即胎息于此。然则段成式言唐寺院地狱诸图，亦仅易旧日帝王、忠臣、孝子、贤妇等像，为释梵诸部，不足异也。

汉宫殿屋顶多为重檐（《汉书》张敞传："围守王宫，得之殿屋重轑中。"苏林曰："重轑，重棼也。"以王宫推宫殿如是），四注（《周礼》考工记："四阿重屋。"郑注曰："四阿若今四注屋也"），与东汉石刻所示者一致，独无云冈石窟九脊殿之例，然未能断西汉即无此制也。其时反宇（班固《西都赋》："上反宇以盖载。"张衡《西京赋》"反宇业业"），飞檐（《西京赋》"飞檐轍"），亦见于记录，则屋角上翘必同时发生，盖为反宇结构当然之结果，未必蓄意为之。伊东博士据东魏石刻，谓裹角之法始于南北朝（见伊东忠太《支那建筑史》），此在近世学者无证不信之习惯，未能目为不当，但班、张二赋外，如何宴《景福殿赋》（"飞榈翼以轩翥，反宇轍以高骧"），陆翙《邺中记》（"凤阳门高二十五丈，上六层，反宇向阳"），咸言反字，似不能概置文献于不顾也。汉世之瓦当（即寿头），有作半圆体者，然以圆形居多，适与燕故都出土皆半圆者相反，似汉受秦之影响（秦瓦当多作圆形，见《秦、汉瓦当文》诸文），与周稍异，而诸书所收周、秦、汉诸例，皆无勾滴（即滴水），疑当时尚无此物。又据何叙甫先生所藏汉瓦当，及于燕故都发掘出土之瓦当，其花纹、文字凹处，偶有朱丹粘附其间，丹下亦有涂白垩为地者，则因当时陶器无釉，仅以刷色为饰故耳。汉宫殿脊甍之状，今迄无可考，惟四注之屋，自侧面视之，二垂脊凸起若棱，反宇之瓦凹陷若觚，觚棱之称，或即缘此而生，殊未可知。孝武时甍上置鸱尾（见前注）、铜凤（《黄图》引《汉书》："建章宫玉堂殿，铸铜凤高五尺饰黄金，栖屋上，下有转枢，向风若翔"），东汉石刻及魏武铜爵台亦皆如是。自北周武帝毁邺中三台后，仅一见于唐武后营东都明堂，其后即已绝迹。惟鸱尾流行最久，且传播异域，而辽代脊饰，据梁思成先生《蓟县独乐寺观音阁、山门考》（《中国营造学社汇刊》三卷二期），知为古代鸱尾与宋以后兽吻间过渡之物，则西汉术士厌火之具，其影响竟及今日，亦可云异数矣。

欂

李诫《营造法式》卷三十一·大木作制度图样内，柱下有平板曰：欂，置于础石上，其寸法见同书卷五（“凡造柱下欂，径周各出柱三分，厚十分，下三分为平，其上并为欹，上径四周各杀三分，令与柱身通上匀平”），惟未言及用途。窃意欂者，柱下之防湿层也，以欂扁若板，木之纤维亦保持水平状态，湿润缘础上升者，其侵入水平纤维，恒较垂直者稍难，而欂体腐朽，得随时撤换，不致累及柱身，故古以铜为柱欂，职是故耳（《战国策》：“董子之治晋阳也，公宫之室皆以炼铜为柱质”）。民国丁卯夏，愚于苏州燕家滨友人柳士英君宅中，见其厅堂结构古陋，柱下之欂赫然呈于目前，询知宅属华姓，建筑年代不明。嗣周元甫君以影片见贻（图12），虽其欂下无础，且欂之形状比例，亦未与《营造法式》吻合，然自绍兴间王唤重刊此书于平江以来（见《中国营造学社汇刊》一卷二期，叶遐庵先生《绍兴重

图12　欂

刊〈营造法式〉者之历史与旁证》），历时约八百载，旧法犹存一二，不失宋代建筑变迁之一参考也。

辨《辍耕录》“记宋宫殿”之误

陶氏《辍耕录》卷十八，以杨奂《汴故宫记》与陈随应《南渡行宫记》二文，合题为《记宋宫室》。愚尝以《宋史·地理志》汴京宫阙制度与杨记对校，知杨氏所云汴故宫，乃指金之南京言，非宋汴京也。按宋靖康之变，艮岳摧残过半（《宋史》地理志·艮岳·注引《容斋三笔》：“金人再至，围城日久，钦宗命取山禽、水鸟十余万，尽拆之汴河，听其所之。拆屋为薪，凿石为炮，伐竹为篺篱。又取大鹿数百千头杀之，以啗卫士。”）。其后海陵营中都，凡屏扆窗牖，均掠自汴京，则当时宋大内仅存躯壳，荒废可知。嗣海陵贞元元年，以宋汴京为南京。三年五月，南京大内灾，此仅存躯壳，亦付诸一炬。其年冬，命宰臣张浩及敬嗣晖、梁球等营南京宫室，运一木之费至二千万，牵一车之力至五百人。宫殿之饰，遍傅黄金，而后间以五彩，金屑飞空如落雪，一殿之费以亿万计，成而后毁，务极华丽，事具《金史》海陵本纪（光绪《顺天府志》引此段于金中都·宫殿条，亦误），则金南京已非宋汴京之旧甚明。今以杨记校宋史，其外庭诸门、殿大体符合，似依宋宫故基建造者。惟内庭自仁安殿以北，繁简不一，原籍具在，不难覆按。又据《元史》杨奂本传（《辍耕录》奂作焕，亦误），奂以太宗十年戊戌试进士第一，授河南路征收课税所长官兼廉访使。记文谓己亥按部至汴，即及第之次年，时距金亡国五载，其云汴长吏宴于废宫之长生殿，应为金南京宫苑，故原文仅称废宫，未言宋故宫。陶氏殆以金南京宫阙配置，大体袭宋宫之旧，故与陈氏《南度行宫记》混置一处欤?

古代之温度

西汉宫有凌室、织室、蚕室。又有以人力增高室内温度，助植物之发育，若近世西方之温室者。据《汉书》召信臣传："太官园种冬生葱韭菜茹，覆以屋庑，昼夜爇蕴火，待温气乃生。信臣以为此皆不时之物，有伤于人，不宜以奉供养，及它非法食物，悉奏罢，省费岁数千万。"此殆密闭室内，与外隔断，难爇火温之，略与蚕室同一情状。惟是否自地坑生火，如暖殿构造，尚属不明。

柱　跗

《隋书》宇文恺传述宋、齐明堂一节，谓："臣得目观，遂量步数记其尺丈，犹见基内有焚烧残柱，毁斫之余，入地一丈，俨然如旧。柱下以樟木为跗，长丈余，阔四尺许，两两相并，瓦安数重。"按柱下设础櫍，防湿润上升，其法由来已久，此则深入土内，与常制异，颇疑"跗"为柎之误。盖柎与桴通，方木也。六朝之际，犹行席坐，席下木架必承以巨木，而墙壁下亦往往有柎，如今之下槛。安乐于陈亡之后，兵燹之余，观明堂故基于瓦砾荆棘中，故云入地一丈耳。

西汉陵寝

三代以前无墓祭，王者之葬，封树而已（《周礼》春官·冢人："先王之葬居中……以爵等为丘封之度，与其树数"）。其始仅云墓（《左传》："淆有二陵，其南陵夏后皋之墓也"）。春秋以降，因山丘高大，曰：邱（楚昭王昭邱，赵武灵王灵邱），曰：陵（《史记》赵世家："肃侯十五年起寿陵。"秦本纪："惠文王葬公陵。"又悼武王永陵，孝文王寿陵，其例不一），要皆有坟无寝。自始皇治骊山，穿三泉，下铜以致椁，上崇山坟（《史记》秦始皇本纪，及《汉书》刘向传），秉事死如生之义。又建寝园（朱孔阳《历代陵寝备考》），游馆（《汉书》刘向传），象人君之居，前有朝，后有寝，周城二重（《舆地备考》：陵内城周五城，外城周十二里）,故陵寝之名始于秦。西汉因袭秦制，其天子即位之明年，将作大匠营陵（见《后汉书》礼仪志·注引《汉旧仪略》；又《汉书》武帝纪：建元二年（公元前139年）置茂陵邑，即登极次年，与此符合）。起园邑，缭以城垣（《汉书》高后纪，城长陵注引《黄图》云："长陵城周七里一百八十步。"又景帝纪五年作阳陵邑，及武帝纪置茂陵条），徙丞相、将军、列侯、吏二千石及郡国高赀、富豪实之（《汉书》地理志："汉兴，徙齐诸田、楚昭、屈、景及诸功臣家于长陵。"又武帝纪元朔二年，"徙郡国豪杰及赀三百万以上于茂陵"，及同纪太始元年，宣帝纪本始元年，元康元年诸条），为造宅第（《汉书》宣帝纪："本始二年（公元前72年）春，以水衡钱为平陵徙民起宅第。"应邵曰："水衡与少府皆天子私藏。"），赐田钱（《汉书》景帝纪：五年夏，"募民徙阳陵，赐钱二十万"。武帝纪："建元三年赐徙茂陵者户钱二十万，田二顷。"），设官寺（见《三辅黄图》长陵条），发近郡卒、将军、尉、侯（见《后汉书》礼仪志·注引《皇览》），庞大与郡邑无殊（《三辅黄图》引《三辅旧事》："武帝于槐里茂乡，徙户一万六千置茂陵。"《汉书》成帝纪：鸿嘉二年（公元前19年），"徙郡国豪杰赀五百万以上五千户于昌陵"），孟坚谓为三选七迁，充奉陵邑，欲以彊干弱枝者是也。陵地用地七顷。其圹曰：方中，占地一顷，深十三丈（《后汉书》礼仪志·注引《汉旧仪略》），筑为方城（见前注引《皇览》）。玄室曰：明中，高一丈七尺（见前注引《三辅黄图》），纳梓宫于内。棺外累黄肠题凑，设四通羡门，容大车六马（见前注），与近世地宫之制稍异（清·延昌《惠陵工程全案》称："同治惠陵自明楼下方城楼隧道北上，至哑叭院，院北壁中央有琉璃影壁，壁后即地宫隧道，次头层门，次明堂，次二层门，次穿堂，次三层门，门内为金券，设石宝床五，中床安梓宫于上。自石宝床北口至方城南口，深二十三丈四尺二寸，皆南向门"）。岂西汉宫阙、寝庙下逮丞相府咸四向辟门，明中亦有四门之设，殊为莫解。门内错浑杂物，扜漆、缯绮、米谷、车马、虎豹、禽兽（见《后汉书》礼仪志·注引《皇览》），武帝飨年久长，尤多藏金钱财物，又瘗鸟、兽、鱼、鳖凡百有九十类，至不复容。赤眉之役，取陵中物不能减半，其奢靡当为汉诸陵冠（见《汉书》贡禹传及《晋书》索綝传。中央研究院1932年发掘河南濬县周墓，有车马、戈矛、斧戟诸物，其马坑巨者有马骸六十余具，足征古代殉葬之风甚盛）。其外有陟车石，外方立（《后汉书》礼仪志·注引《汉旧仪略》）；陟，登也。疑羡门之限甚高（按近代陵寝羡门后，有大圆石二，下凿沟，成坡状，门闭则石循沟滑下塞户后，限受圆石及扉之重，故高巨逾常），故限外设石，便大行载车之升降，惟"方立"不明，未审何指。有剑户，户设夜龙，莫邪剑，伏弩，设伏火（《后汉书》礼仪志·注引《汉旧仪略》，伏弩之说与始皇骊山同（《史记》始皇本纪："令匠做机弩矢，有所穿近者辄射之"），依骊山之例言，宜为方中之中羡门（《史记》秦始皇本纪："已藏闭中羡，下外羡门，尽闭工匠藏者无复出"）。伏火亦见定陶丁后冢（《汉书》外戚传："王莽发丁后冢，火出炎四五丈，吏卒以水沃灭，乃得入，烧燔椁中器物。"），第事涉诞怪，俱难证实。又有便房，自来释者不一其说，刘敞谓为梓宫题凑间物，宋祁曰小柏室，服虔云藏中之便坐（见《汉书》霍光传·注）。据便房之义言，似以服说为近。惟方中辽阔，为室非一，其分位迄无可考。案《后汉书》礼仪志·大丧礼："皇帝进跪临羡道房户，西向，手下赠，投鸿洞中，三东园匠奉封入藏房中。”注引《续汉书》曰：“明帝崩，司徒鲍昱典丧事。葬日，三公入安梓宫，还至羡道半，逢上欲下，昱前叩头言：礼，天子鸿洞以赠，所以重郊庙也，陛下奈何冒危险，不以义割哀。”则鸿洞之上有房，天子所以凭户投赠，鲍昱谏章帝欲之下之所也（《后汉书》礼仪志·大丧礼：东园武士奉下车。司徒跪曰：“请就下房”，都导东园武士奉车入房）。洞次为羡道，再次复有房，东园匠藏赠于是。以便坐非正室，不应居羡道之北、明中之前，宜在其左、右或后部。故疑此房为明中外室之一，若清陵地宫之有明堂也（见前注《惠陵工程全案》）。明中诸室之结构，《汉书》贾山传谓秦骊山合采金石，治铜锢其内，文帝亦有石椁之叹（《汉书》张释之传，文帝顾谓群臣曰：“嗟乎，以北山石为椁，用纻絮斮陈漆其间，岂可动哉。”又《后汉书》明帝纪：“帝初作寿陵，制令流水而已，石椁广一丈二尺，长二丈五尺。”）椁犹如是，方中诸室，必以石构无疑。惟羡道、明中之上，如乐浪诸墓覆以半圆形发券及水平层抛物线之穹窿，抑以斗八式之梁，重叠其上，如高句丽古坟之状，则非俟抒掘，不能穷其究竟也。

方中之上，累土为坟曰：方上（《汉书》赵广汉传：“新丰杜建为京兆椽，护作平陵方上。”孟康曰：“圹臧上也”），《三辅黄图》谓高帝长陵东西广一百二十步，高十三丈；景帝阳陵方百二十步，高十丈。以较日人关野贞及法人色伽兰调查者，差违殊甚（关野、伊东、塚本三氏合著之《支那建筑解说·上卷》称，惠帝安陵东西百九十一尺，南北百八十六尺，高约四十尺；景帝阳陵每边宽二百三十尺，高四十六尺；元帝渭陵东西七百二十五尺，南北七百九十五尺，高九十尺。又冯承钧译色伽兰《中国西部考古记》，云昭帝平陵每边宽二百米；宣帝杜陵长一百六十米，宽一百五十米）。惟诸陵平面，除高祖长陵与薄太后南陵作六角形外[1]，余为方形，或近于方形，方上之名当基于此（图13）。坟之外观为截头平顶之方锥体，略似埃及金字塔而截去其上部。就中元帝渭陵视金字塔面积尤大，有方台三重，下部东西广二百二十尺，南北袤百九十五尺，其上更有低坛二级（图13、14）。按周、秦遗迹如成王陵及始皇陵，平面胥作方形（成王陵东西二百七十尺，南北二百六十三尺，高约五十尺。始皇陵每边长一千零三十尺）。文王陵亦近于方形（文王陵东西三百七十五尺，南北三百二十尺；顶东西一百五十尺，南北一百四十五尺；高约六十尺）。始皇陵之外观，且为方台三层。则汉诸陵采用周、秦旧型，当无疑义（以上见《支那建筑上卷·解说》及伊东忠太之《支那建筑史》。又色伽兰调查始皇陵，每边长三百五十米，高六十米，陵土之体积约五十万立方米，为世界最巨之坟）。

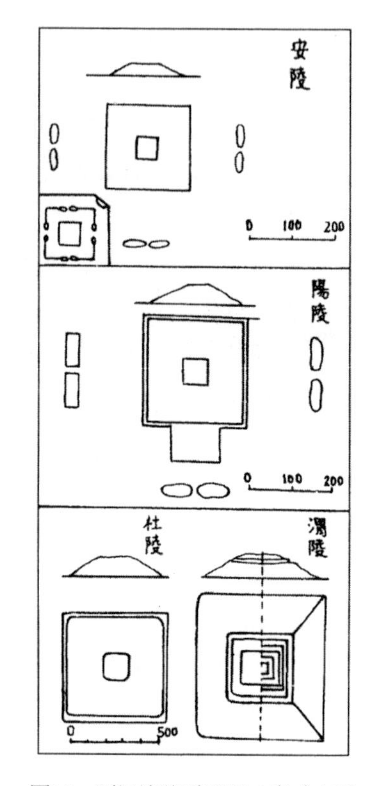

图13　西汉诸陵平面图（自《支那建筑史》重录）

其流风所被远及邻国，如高句丽时代将军坟与乐浪张抚夷墓，佥为方形。前者以巨石作七级方坛，尤为最显著之例（将军坟在辽宁辑安县好大王碑侧。张抚夷曾为带方郡太守，带方郡即乐浪郡南部，公孙康时置，后隶于魏，晋愍帝建兴中并高句丽，见关野贞《朝鲜美术史》）。

① ［整理者注］：此说恐有误，不知当时何所依凭。

图14 渭陵（自《支那建筑史》重录）

考《尔雅》："丘一成为敦丘，再成为陶丘，再成锐上为融丘，三成为昆仑丘。"注谓："成，层也，江东呼土高堆为敦。"严元照引《诗》"至于顿邱"，字异音同（见严氏《尔雅匡名》），足证敦丘即顿邱，亦即今江、浙俗称之墩。又依前述昭丘、灵丘言，丘者坟也，古作北（见《尔雅匡名》引《释文》）从一从北。一，地也，北，象层叠之状，位于地上，与秦、汉诸陵外观一致。故丘即陵，《尔雅》所云数等之丘，乃古代陵墓之形体，许氏《说文》训北，为二人相背之形，似未穷诘丘之实状也。至于丘三层为昆仑丘，见《水经注》河源条（《水经注》："昆仑之山三级，下曰：樊桐，一名：板松；中曰：玄圃，一名：阆风；上曰：增城，一名天庭。"）。其说杂摭汉人浮词（《淮南子》坠形训："掘昆仑墟以下地，中有增城九重……县圃、凉风、樊桐在昆仑阊阖之中。"又见严忌《哀时命》及刘向《九叹》），而导源远在周季（《史记》大宛传：禹本纪言河出昆仑，《禹贡》："织皮昆仑。"《离骚》："朝发轫于苍梧兮，夕余至于县圃。"又"邅吾道乎昆仑兮，路修远以周流"），自来稗史杂家每乐道之（《山海经》："昆仑之墟方八百里。"《穆天子传》："天子升于昆仑之丘，以观黄帝之宫。”）。顾古人“昆仑”二字，大抵泛指极西而言（《禹贡》孔疏：“昆仑在荒服之外，流沙之内。《史记》夏本纪·注：“昆仑在临羌西”，又云：“敦煌广至县有昆仑障”），其缘饰附会之说，概不可信（《史记》大宛传：“今自张骞使大夏之后，穷河源，恶睹本纪所谓昆仑者乎”），所足异者，古代巴比伦之塔庙（Ziggurate）亦为方形层叠之状（图15），以较秦、汉诸陵，不无类似。而《周礼》坛壝之制（《周礼》司仪：“为坛三成。”疏曰：“言丘上更有一丘相重累者”），其性质用途、形体，俱与塔庙不乏会通之点。此岂出之偶合，不能谓丘坛之形，即与西陲诸邦有关，抑东西交通不始于汉武之通西域，穆满、群玉之游，初非谰语耶。附记于此，供留心古制者之推求焉。

图15 古代巴比伦之塔庙（自《佛勒卡建筑史》重录）

方上之外形，略如前述，其覆土之际，每杂用沙（《汉书》田延年传：“大司农取民牛车三万辆，为僦载沙便桥下，送致方上”），及炭、苇诸物（前传：“茂陵富人焦氏、贾氏，以数千万阴积贮炭、苇诸下里物，昭帝大行时，方上事暴起，用度未办。延年作方：商贾或豫收方上不详器物，冀其疾用，欲以求利，非臣民所当为，请没入县官。”孟康曰：“死者归蒿里，葬地下，故曰：下里”）。此数者依物性释之，炭吸水，夹置土中，能防水之下浸。苇亦避湿物，用以实圹，见《周礼》（《周礼》地官·稻人：“丧纪，共其苇事。”郑注：“苇以闉圹，御湿之物”）。沙以和泥与石灰，供圹壁外三合土，及内部涂饰之用，见朝鲜古墓（《朝鲜美术史》）。而愚尤疑方上累土，必以夯筑为之。盖秦、汉诸陵高巨逾恒，土性下溃，非坚筑无以凝固。但土作首重泄水，版筑之垣，版底每置碎砖石，或稻苇，其上铺沙、实土，所以利宣泄也。近岁北平研究院发掘燕故都台基，土内犹存残苇。以工程构造论，台与方上同为累土，周、汉相去未远，其法宜无殊致。且平陵运沙牛车三万辆，炭苇之价至数千万钱，数量之钜，至可惊骇，非仅以填塞羡门、羡道，又可想象而得也。

史称骊山树草木以象山（《史记》秦始皇本纪），西汉高祖陵及东汉诸陵亦有陵树（《后汉书》阴皇后纪："上陵日，降甘露于陵树。"又，同书虞延传："高帝母昭灵后园陵在小黄，有陵树"），度关中诸陵当亦如之。惟色伽兰谓茂陵以大石被覆，今犹见其碎片，岂与高句丽将军坟同一构造耶。方上之外，缭以周垣（《汉书》王莽传："以墨色污渭陵、延陵周垣"），为门四出（《三辅黄图》："为陵垣门四出"），门距方上百尺至百四十尺不等（《支那建筑》上卷解说："惠帝安陵四面有双阙遗址，距方上约上百尺；景帝阳陵约百四十尺"），门有阙（《汉书》五行志："永光四年，孝宣杜陵园东阙南方灾。""永始元年，戾后园南阙灾。""四年，孝文霸陵东阙南方灾。"又，色伽兰《中国西部考古记》：武帝茂陵四周方垣中，各开一门，各门神道之口，建有石阙。成帝延陵外垣今尚可见，垣外皆有双堆，疑为阙址。又见《支那建筑》上卷·解说：所载安陵、阳陵）（图13）。色氏谓为石造，以霍光传推之，当为三出式（《汉书》霍光传："显改光时所自造茔制，起三出阙，筑神道。"今按武氏阙、嵩山三阙及川中梓潼、绵阳诸阙皆二出。显奢僭逾制，史臣特书之。故疑三出为陵制，非人臣所有）。阙外神道列石像（见《中国西部考古记》茂陵条），依东汉鲁王墓石人，像皆题名，象生前之仪卫（图16）（《金石索》："鲁王墓前二石人，在曲阜张屈庄，乾隆间阮元按试曲阜，移置儒学内矍相圃，一高汉尺一丈一寸许，题'汉故乐安太守麃君亭长，今仆’；一高汉尺九尺三寸许，题‘府门之卒’。”《西汉金石记》谓和帝永元七年，改千乘郡为乐安，定为东汉石刻）。唐昭陵六骏像，其飒露紫一躯，刻邱行恭拔箭状，殆其遗制。又有麒麟、辟邪、象、马之属（《图书集成》陵寝部引《封氏闻见记》："秦、汉以来帝王陵前，有石麒麟、石辟邪、石象、石马之属。人臣墓前有石羊、石虎、石人、石柱"，又《西京杂记》："青梧观前有石麒麟二枚，刻其胁为文字，是秦始皇骊山墓上物，头高一丈三尺"），石马见霍去病冢，惟麒麟、辟邪二者之状不明。史籍每称六朝陵墓有麒麟（《南齐书》豫章文献王嶷传："上数幸嶷第，宋长宁陵隧道出第前……乃徙其表、阙、麒麟于东岗上，麒麟及阙形势甚巧"），今存者皆附翼之狮，与东汉雅州高颐墓一致，未能谓翼狮即麒麟，更不能断汉陵之麒麟、辟邪亦如是也。阙外有司马门（《汉书》五行志："园陵小于朝庭，阙在司马门中。"又成帝纪："永始元年诏，作治五年，中陵司马殿门内尚未加工"），四向皆然。汉制后宫自五官以下，皆陪葬门外（《汉书》外戚传："五官以下葬司马门外。"服虔曰："陵上司马门之外也"），而勋臣每葬东司马门左近（《后汉书》

图16　东汉鲁王墓石像（自《支那建筑史》重录）

明帝纪："永平二年，遣使以中牢祀萧何、霍光，帝谒陵园，过式其墓。"注引《东观汉记》曰："萧何墓在长陵东司马门道北百步，霍光墓在茂陵东司马门道南四里。"又同书和帝纪注："曹参墓在长陵帝道北，近萧何冢"）。其将军、尉、侯诸官寺，据东汉之例，疑在陵之东园（《后汉书》礼仪志·注："寝殿、园省在东园"），吏舍又在其北（前注："寺吏舍在殿北"），故陵监所止曰：东署焉（《后汉书》桓帝纪："延熹六年四月康陵东署火。"陵监即陵食监，又云食官令，见同书百官志）。

《后汉书》礼仪志谓："古宗庙前制庙，后制寝。庙以藏主，祭以四时。寝有衣冠、几杖象生之具，以荐新物。始皇出寝，起于墓侧，汉因而弗改，故陵上称寝殿。"然汉诸陵自寝殿外，复有庙，其制盖侈于秦矣（《汉书》玄成传："自高祖下，宣帝与太上皇、悼皇考各自居陵旁立庙"）。其寝为陵之正殿，设钟簴，有东、西阶、厢及堂（堂设神坐，见下注），殆与前殿同制（《后汉书》礼仪志·上陵礼："大鸿胪设九宾随立寝殿前，钟鸣……乘舆自东厢下，太常导出，西向拜止，旋升阼阶，拜神坐，退会东厢，西向"）。殿内又有房室，盖汉制日祭于寝，四上食（《三辅黄图》卷五），宫人随鼓漏，理被枕，具盥水，陈庄具（见《后汉书》明帝纪·注引《汉官仪》及同书祭祀志·宗庙条），无房室则无以设床帐（《后汉书》阴皇后纪："帝从席前伏御床，视太后镜奁中物，感动悲泣，令易脂泽装具"），理被枕耳。有便殿（《汉书》高后纪，城长陵注，引《三辅黄图》："便殿、掖庭皆在其中。"武帝纪："建元六年，高园便殿火"）。内有堂，时祭于是（《汉书》玄成传："园中各有寝、便殿，时祭于便殿"）。有室，藏乘舆、衣物（《汉书》王莽传："杜陵便殿乘舆、虎文衣扆臧在室匣中者出，自树立外堂上"）。又有更衣别室，疑亦在殿内（《后汉书》明帝纪："遗诏无起寝庙，藏主于光烈皇后更衣别室"）。此二者位置，史无明文，但始皇之寝在墓侧（见前），东汉诸寝在东园，明帝尤节约，遗诏只于陵东北作庑，财供祠祀（《后汉书》明帝纪·注，引《东观汉记》：“庑长三丈五尺，外为小厨”），似汉世寝殿多在陵东也。其后宫贵人奉陵者为数至伙（《汉书》禹贡传：“诸陵园女亡子者，宜悉遣，独杜陵宫人数百，诚可哀怜也。”又《后汉书》邓皇后纪：“诏诸园贵人，其宫人有宗室同族，若羸老不任使者，令园监实核上名，自御北宫增喜观阅问之，恣其去留，即日遣免者五六百人”），皆居掖庭（见《三辅黄图》），宜在寝、便殿之后或其附近。惟果园、鹿苑（见《三辅黄图》惠帝安陵条）、鹤馆（《汉书》元帝纪：“初元三年茂陵白鹤馆灾”），未审何属。而诸陵之庙，有阙（《汉书》五行志：成帝鸿嘉三年，“孝景庙北阙灾”）及殿门（《汉书》平帝元始五年，“高皇帝原庙殿门灾”。哀帝元寿元年，“孝元庙殿门铜龟蛇、铺首鸣”）、正殿（《汉书》昭帝元凤四年，“孝文庙正殿灾”），规模颇宏巨，玄成传谓在陵旁，则非若东汉石殿位于方上之前甚明。依事实言，垣与方上之间面积颇狭，亦难容纳（见前引《支那建筑·上卷解说》）。惟寝、庙二者并列陵东侧，抑分踞陵之左、右，悉无考焉。

东汉陵寝

东汉诸陵在今洛阳附近，典籍所载，大抵追效西京旧法。惟自新莽地皇间，迄于建武中季，兵革相寻，几达廿载。光武起身行间，察民间疾苦，知天下之疲耗，步文帝后尘，务求俭约，省薄陵坟，废郭邑之制，裁令流水而已（见《后汉书》光武帝纪）。其后章帝欲为原陵、显节陵立县邑未果（见《后汉书》东平宪王苍传），终汉之世，遂以为法。其坟皆方形，大小不等（《后汉书》礼仪志·注引《古今注》：“光武帝原陵方三百二十三步，高六丈六尺。明帝显节陵方三百步，高八丈。章帝敬陵方三百步，高六丈二尺。和帝慎陵方三百八十步，高十丈。殇帝康陵方二百八步，高五丈五尺。安帝恭陵方二百六十步，高十五丈。顺帝宪陵方三百步，高八丈四尺。冲帝怀陵方百八十三步，高四丈六尺。质帝静陵方百三十六步，高五丈五尺。桓帝宣陵及灵帝文陵各方三百步，高十二丈。献帝禅陵不起坟。”）。就中殇、冲二帝在位日浅，附葬慎陵、宪陵茔内（见《后汉书》安帝纪·注，及李固传），体制较卑。方上之形，以孝德皇甘陵言，亦为层叠之状，疑与西汉诸陵无异。（《水经注》卷五：“汉安帝父孝德皇以太子被废为王，薨于此，乃葬其地，尊陵曰：甘陵。陵在渎北，丘坟高巨，虽中经发坏，犹若层陵矣。”）方上之外，惟光武原陵为垣门四出，余陵无垣，代以行马，内设钟簴，建石殿（见《后汉书》礼仪志·注引《古今注》）。按石殿即石室，位于方上前，汉世士大夫墓多如是（山东肥城孝山堂石室及《水经注》司马迁、子夏诸石室，不遑枚数）。北魏文明太皇太后陵亦然（《水经注》卷十三·漯水条：“方山有文明太皇太后陵，陵之东北有高祖陵，二陵之南有永固堂，堂之四周隅雉列榭，阶、栏、槛及扉户、梁、壁、椽、瓦悉文石也。檐前四柱，采洛阳之八风谷黑石为之，雕镂隐起，以金、银间云矩，有若锦焉。堂之内、外四侧，结两石趺，张青石屏风，以文石为缘，并隐起忠孝之容，题刻贞顺之名。庙前镌石为碑、兽，碑石至佳。左、右列柏，四周迷禽闇日。院外西侧有思远灵图，图之西有斋堂。南门表二石阙。”又《北魏书》孝文帝太和五年，建永固石室于方山，立碑于石室之庭，自大和五年起工，凡八年始成云），殆后世享殿、祾恩殿之权舆也。其寝殿、园省在东园，疑即陵之东侧；北为寺吏舍（《后汉书》礼仪·注引《古今注》）。史称恭陵有百丈庑，当亦属园寝之内（《后汉书》顺帝阳嘉元年，“恭陵百丈庑灾”）。但原、怀、静三陵寝殿，在垣行马内，因寝为庙，其制较简。而宪陵吏舍独在寝殿东，与他陵异。似因地制宜，因时辨用，不拘一格也（《后汉书》礼仪志·注引《古今注》）。其垣与行马各具四阙（《后汉书》桓帝纪：延熹五年“恭陵东阙火”），及司马门（见《古今注》）。原陵又有长寿门（《后汉书》桓帝纪：延熹四年“原陵长寿门火”）。依史文“灾”字之义诠释，门阙当为木构，但后者与西汉诸陵不合，颇疑有误。地宫之制，《后汉书》亦称方中，宜与西汉大体仿佛。今约略可知者，仅献帝禅陵最陋，其前堂方一丈八尺，后堂方一丈五尺，角广五尺耳（见《古今注》）。

[本文发表在《中国营造学社汇刊》第三卷第三期（1932年9月）及第四期（1932年12月），后经笔者修改。]

石轴柱桥述要（西安灞、浐、丰三桥）

一、绪　言

我国桥梁之种类就今日已知者，依其外观及结构性质，可别为三类，曰：“梁式之桥”，曰：“拱桥”，曰：“绳桥”。

梁式之桥

“梁式之桥”在国内最为普通，其发达之期似亦较早。唯秦以前典籍谓“桥”为“梁”，或“徒杠”，无桥之称。据《说文》：“梁，水桥也。徒，步行也。杠，横木也。”疑其始架木水上，横亘如梁，若今乡曲之独木桥，仅供步行之用，故有是名（图版1［甲］）。后世之桥种类虽繁，然除“拱桥”、“绳桥”二种外，要皆自此简单之木梁发达而成。逮《史记》秦本纪载：“昭襄王五十年（公元前257年）初作河桥”，乃“桥”字见于记载之始。惜原文简略，不审其为“徒杠”？抑其宽度足以济车马，如《孟子》所云之“舆梁”？以《说文》“桥，水梁也”释之，似其结构方法亦属于“梁式之桥”。

图版1［甲］ 浙江溪口桥

如前所述，“梁式之桥”，其出发点较为简单。然后世人文演进，桥之需要益繁。每以材料之异同，与河身广狭深浅，不一其度，致桥之式样随宜变化，日臻复杂。其种类可得论举者，大体可区为六种。

（一）木桥

“梁式之桥”最初殆为木构。但木梁之长为材料强度所支配，不能过大。故河面宽者势必增加桥之间数，以补其缺点。各间之间在未用石墩以前，殆结舟为“浮梁”，或立柱为架，以承受梁之两端，使各间之梁衔接为一。除“浮梁”另于下节叙述外，桥柱之种类，因构材不同，又有木柱、石柱二种之别。以结构演进之顺序言，桥之用木柱者，施工集料较为简便，其发生时期亦应较早。其次乃并用木、石二种之柱；然后始有纯粹之石柱桥。故疑《史记·苏秦传》所述“尾生与女子期于梁下，女子不来，水至不去，抱柱而死”，乃指木柱之桥言也。自是以后，文献所载，历代相沿，至于近世，犹未全废。如《唐三典》谓“天下……木柱之梁三，皆渭水：便桥，中渭桥，东渭桥”；及《旧唐书》、《新唐书》李昭德传：“利涉桥岁为洛水冲注，常劳治葺；昭德创意，累石代柱。”与《西安府志》载“广济桥，明万历二十四年（公元1596年），知县王九皋重建。造木桥长亘里许，为百空，高三丈余，阔二丈”，皆其最著者。桥之两侧，饰勾栏者最为普通。或更施榱栋，覆以亭或桥屋，形如阁道，往往见于宋、元人画中（图版1［乙］）。亦有桥上设商廛，如南宋杭州丰乐桥，建楼其上，为朝士会饮之地。流风所被，遂至“飞桥”、“拱桥”、“绳桥”等，亦类有桥屋，不能不谓为木桥之影响也。惟现存实物属此式者，多以木、石混合为之，其纯粹用木柱、木梁而兼有桥屋者，为数较少矣。

（二）石桥

“梁式之桥”以石缔构者，自石梁以下部分，有石柱与石墩二种不同之方式。石柱之制，见《关中记》：“秦渭桥……北首，叠石水中，谓之石柱桥”；及《唐六典》：“天下……石柱之桥四，雒则天津、永

图版1［乙］ 故宫藏宋李嵩《水殿纳凉图》

济、中桥，灞则灞桥”。疑其式样，系模仿木柱之桥，故称石柱，而不云石墩。今山西太原晋祠圣母殿前之“鱼沼飞梁”桥，即属此式。石墩之法，据《尔雅·释宫》：“石杠谓之徛”。郭璞注曰：“聚石水中以为步渡，彴也”。邢昺疏引《广雅》，谓：“彴，步桥也”。似其初山溪小涧，布石水中，以为步渡，尚无石梁之设。今其法犹往往见于四川各处，殆即“彴”之遗制。而雅州雅江桥（图版2［甲］），盛鹅卵石于篾篓中以代墩，其性质位于彴与石墩之间，足为石墩发达过程中之参考。至于石墩之使用，《水经注·縠水条》载洛阳建春门石桥铭文：“阳嘉四年（公元135年）乙酉壬申……使中谒者魏郡清渊马宪，监作石桥梁、柱敦，敕工匠尽要妙之巧。”所云“敦”，是否即“墩”之误植，无由辩证。其正式见于记载者，当以《元和志》：“洛阳天津桥

图版2［甲］ 四川雅州雅江桥（自鲍希曼《中国风景》转载）

建于隋大业间，唐太宗贞观十四年（公元640年），更令石工累方石为脚”为最先。其后武后时，李昭德重修洛阳利涉桥，亦累石代柱，复锐其前以分水势，遂开今日“分水金刚墙”之先河。而宋太祖建隆间（公元960—962年），向拱治西京天津桥，甃巨石为脚，以铁鼓络石纵缝，太祖至降诏褒美，具见《宋史·河渠志》。唯铁鼓之法，前乎此者，曾见于隋李春所建赵县大石桥，似非创于向拱。但是桥无墩，其用于桥墩，或自拱始，未可知也。故李、向二氏，于桥墩结构法之改善，厥功颇伟，不愧为岿然巨匠。自此以后，石墩之法，遍用于“梁式之桥”与“拱桥”，而石柱用者渐稀，几什不一睹矣。

柱与墩上架石梁之法，自汉、晋以来亦已盛行。如《初学记》载：“汉作灞桥，以石为梁”；与《水经注·穀水条》：“洛阳建春门石梁，治石工密”，其例不遑枚数。今此式之桥因结构简单，随处皆可发现（图版2［乙］）。其最巨者，当推宋蔡襄所建之泉州洛阳桥（图版3［甲］），长三百六十余丈，为国内首屈一指。石梁之上更施桥屋者，应属于木、石混合一类，另于下节述之。

图版2［乙］　四川汉州桥

（三）木、石混合桥

前节所述，秦、汉之际，已有石柱、石梁之桥，在我国桥梁史中，不可不谓为划期之进展。然石桥结构比较繁重，物力、人工俱难期其普及，于是随事实要求，又产生木、石混合之桥。其最先见于纪录者，为一桥之内混用木、石二种之柱。如《关中记》载：“渭桥广六丈，南北

图版3［甲］ 福建泉州洛阳桥

二百八十步，六十八间，七百五十柱，一百二十二梁。南、北有堤激，立石柱，柱南京兆立之，柱北冯翊立之。桥之北首垒石水中，谓之石柱桥。董卓入关焚此桥。”足征桥之石柱仅限于北首一处，其余梁、柱仍为木构，故有董卓之焚。今四川灌县之竹索桥，即混用木柱与石墩于一桥之内。其次则为石梁之上加木构之桥屋，如汉之灞桥以石为梁，见前述《初学记》。而《汉书·王莽传》载地皇三年（公元22年）二月灞桥焚，自东往西，数千人以水沃救不灭。莽恶之，更名长存桥。则此石构桥身之上，必更有木造之结构或桥屋，故焚烧尽一昼夜，史籍以灾称也。然此式之桥，除适用、美观及经济诸点外，亦有利用桥屋重量，以抵抗洪涛之冲击者。如《闽部疏》谓：“闽中桥梁甲天下，虽山坳细涧，皆以巨石梁之，上施榱栋，都极壮丽。初谓山间木石易办，已乃知非得已，盖闽水怒而善奔，故以数十重重木压之”，即其一例。他若易普通石柱为石轴式之柱，其上架木梁，铺板，筑土，覆石，便车马往来者，则有本文所述之普济、灞、浐、丰四桥。而川、黔、湘、闽诸省，多于山溪绝涧，结石为墩，施托木数层，架木梁其上（图版3［乙］），颇类下述之飞桥。或更于木梁上构筑桥屋，宛如古之阁道，为状甚美。而简单者，如颐和园之荇桥，仅覆亭其上（图版4［甲］）。其余因地因材，随宜演变，式样极多，在各种梁桥中，其支裔当推为最众矣。

图版3［乙］　湖南醴陵县桥

（四）铁柱桥

木、铁混合之桥，属于“梁式之桥”者甚鲜。有之，则惟江西浮梁县

图版4［甲］　北京颐和园荇桥

之铁柱桥一例。据《浮梁县志》，桥在浮梁东五十里臧湾。宋时，里人臧洪范铁柱十二，架木为桥，至宋末毁于兵燹。为此式惟一之记载。

（五）浮桥

桥之结构，遇河面过宽，及河身过深，或河流涨落不定者，非寻常木、石之柱架与石墩所能济事，遂有"浮桥"之产生。据《诗经·大雅》："亲迎于渭，造梁于舟"；及《春秋》："昭公元年，秦公子针奔晋，造舟于河"；知周礼已有其法。唯"浮桥"之构造，秦、汉以前者，无由追索。自汉以后，据文献所载，大都联舟铺板，以舟代柱或墩，故亦称为"浮航"，或"浮桁"。又复系舟于缆，防为洪流所冲荡（图版4［乙］），如《晋书·五行志》："太和六年（公元371年）六月，京师大水……朱雀大航缆断，三艘流入大江"，为缆之记载最早者。缆之制，据《元和志》："天津桥在河南县北四里，隋大业元

图版4［乙］　广西桂林漓江浮桥

年（公元605年）初造，以铁锁维舟，钩连南北，夹路对起四楼。”及唐开元间（公元713—741年）重建之蒲津桥，与明正德间（公元1506—1521年）重修桂林永济桥等，皆用铁索为之。亦有用竹索或草缆者，见张仲素《河桥竹索赋》，及《宋史》谢德权传：“咸阳浮桥坏，转运使宋大初命德权规划，乃筑土实岸，聚石为仓，用河中铁牛之制，缆以竹索”；与《皇朝舆地通考》所述甘肃狄道州永宁桥“明初……造舟十二，维以铁缆、草缆各二”，是已。其铁牛一物系用以镇缆，或以石鳖，或以铁锚，其制不一。而桥与岸之间再以筏与板联之。建柱水中固以楗筏，随水涨落，使与两岸低昂相续。水面广者，又于中流建中济石。两岸复立木柱、铁柱、铁牛、铁山、石囷、石狮、石浮图之属以系缆，更以石堤护之。如《晋书·成都王颖传》：“造浮桥以通河北，以大木函盛石沉之，以系桥，名曰：石鳖。”《水经注》卷五·河水条：

“赵建武中，造浮桥于津（延津）上，采石为中济石。”唐张说《蒲津桥赞》：“开元十二年（公元724年），锻为连锁，熔为伏牛，锁以持航，牛以系缆。”唐仲友《修中津桥记》：“为桥二十有五节，旁翼以栏，载以五十舟，舟置一碇。桥不及岸十五寻，为六筏，维以柱二十，固以楗筏，随潮与桥岸低昂，续以板四，锻铁为四锁以固桥。纽竹为缆，凡四十有二，其四以维舟，其八以挟桥，其四以为水备，其二十有六以系筏，系锁以石囷四，系缆以石狮十有一，石浮图二。”包裕《永济桥记》：“造舟五十，铸铁柱四，各长丈八尺，埋峙岸浒，半入地中，铸铁缆二，各长百丈余，横亘舟上，索舟于缆，索缆于柱，镇铁锚于水以固舟，甃石块于堤以固岸。”及《图书集成》蒲州河桥条：“唐开元十二年铸八牛，东、西岸各四牛，以铁人策之，其牛并铁柱入地丈余，前后铁柱三十六，铁山四，夹两岸以维浮梁。”其例甚多，不能毕举。大抵古代之桥，河面宽者木柱、石墩之术俱穷，故浮桥之数量颇众，其记载亦丰。自汉以来，重要之桥每于两端树桓表，设津吏司启闭、

图版5［甲］　福建漳州桥

察奸宄。而唐代浮桥巨者，类以国工修之。若《旧唐书·职官志》谓："天下造舟之梁四，河则蒲津、大阳、河阳，雒则孝义"是也。后世虽易舟为石墩，而墩之形状，锐前杀后，似脱胎于舟。甚至如闽省之桥，其墩缕琢往往若舟式（图版5［甲］），其未能忘情旧习，尤为明证。

（六）飞桥

飞桥之结构不用柱及墩，而自两岸施挑梁层叠相次。至中，以横梁及板联为一体。挑梁之配列有两种。一为水平形，即前述木、石混合桥之托木（图版3［乙］），置于桥墩上者，其出跳不能过长，故仅用于桥之开间小者。一为斜列状，外端稍高，其性质在挑梁与斜撑之间，宜于开间较大之桥。本文所谓"飞桥"，大都属于后者。据《沙州记》："吐谷浑于河上作桥，谓之'河厉'，长一百五十岁，两岸垒石作其陛，节节相次，大木纵横更镇压，两边俱来，相去三丈，并大材，以板横次之，施钩栏，甚严饰。"又《秦州记》："枹罕有河夹岸，岸广四十丈，义熙中（公元405—418年），乞佛于河上作飞桥，桥高五十丈，三年乃成。"知南北朝时，"飞桥"已盛行于西北一带。其后宋仁宗明道中（公元1032—1033年），夏竦知青州，用牢城废卒言，仿其法为桥。庆历间，陈希亮复效其制，建之宿州。见《渑水燕谈录》："青州城四面皆山，中贯洋水，限为二城。先时跨水植柱为桥，每至六、七月间，山水暴涨，水与柱斗，率常坏桥，州以为患。明道中，夏英公守青，思有以捍之，会得牢城废卒，有巧思，叠巨石固其岸，取大木数十相贯，架为飞桥，至今五十余年不坏。庆历中，陈希亮守宿，以汴桥坏，率常损官舟，害人命，乃法青州所作飞桥，至今汾、汴皆飞桥，为往来之利，俗曰：虹桥。"其事又见《宋史·陈希亮传》："希亮知宿州，州跨汴为梁，水与桥争，常坏舟，希亮始作飞桥无柱，以便往来，诏赐缣以褒之，仍下其法，自畿邑至于泗州，皆为飞桥。"今豫、皖一带，是否尚存其法，虽属不明。而甘肃、青海及西康、云南一带，犹沿用之。图版5［乙］所示西康之飞桥，两岸垒石为脚，以大木纵横相压，几如《沙州志》所述，最足珍异。图版6［甲］，亦复类似，唯开间稍小。图版6［乙］与图版7［甲］，皆施桥屋其上，又树枋楔于桥两端；或以斜撑补挑梁载重力之不足；似均受内地木桥之影响也。

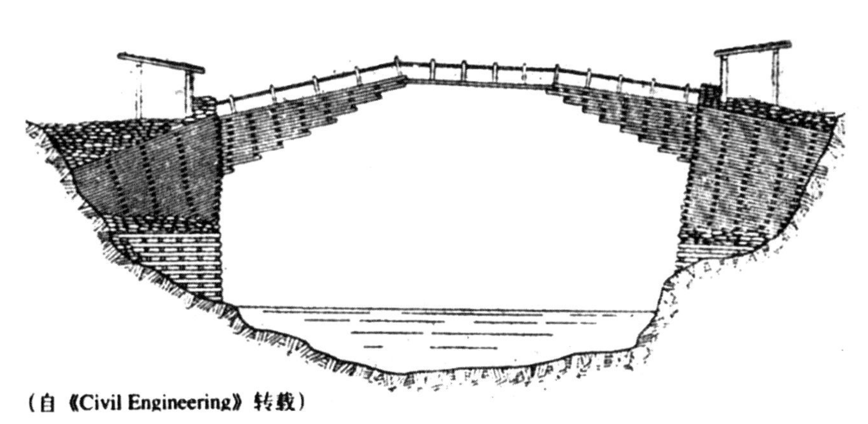

（自《Civil Engineering》转载）

图版5［乙］　西康木里土司桥

拱桥

我国“拱桥”之产生，文献与实物俱无佐证，是否受外来影响，今尚不明。据《水经注》卷十六·谷水条：“其水又东，左合七里涧，涧有石梁，即旅人桥。桥去洛阳宫六七里，悉用大石，下圆以通水，题太康三年（公元282年）十一月初就功。”殆为“拱桥”最初之记载。惟近岁洛阳发见周末韩君墓，墓门有石拱，见《国立北平图书馆馆刊》第七卷第一号《韩君墓发见略记》。而旅顺附近南山里与朝鲜乐浪诸汉墓之羡门，皆有圆拱。颇疑拱之用于桥梁，或更早于晋太康七里涧桥，未可知也。“拱桥”之构材，用石者最多，砖甓者次之。其种类依拱之

图版6［甲］ 青海西宁县扎麻隆附近桥

图版6［乙］ 甘青道中享堂桥

图版7［甲］ 云南墨江桥

图版7［乙］ 浙江五泄山桥

形式，有五边形拱、圆拱、瓣拱、平拱、尖拱、椭圆形拱、抛物线拱数种。五边形者（图版7［乙］），似于石梁之下两端再加斜撑，遂成此状。其性质位于“梁式之桥”与“拱桥”二者之间，与宋式城门类似。疑为未有圆拱以前之构造法，而遗留于后日者。圆拱之桥国内较为普通，其最长者当推明代周忱所建苏州宝带桥（图版8［甲］，多至五十余瓮。惟实例所示，圆拱之下用分水金刚墙与否，殊不一律。北平官式建筑圆拱桥之做法，见中国营造学社刊行之《营造算法》第九章《桥座做法》。惜原文无图，不无难解，异日当另为一文，附图释于后，载入此刊，以供参考。此外苏、常一带之桥，有于圆拱下加反圆拱者，上下相联若管状，最为特别。而力学上之解释，亦极稳固。在国内桥梁中，可谓别开生面者矣。瓣拱见《中国营造学社汇刊》第四卷第二期《同治重修圆明园史料》中之涌金桥，一般用者绝少。以北平门券结构推之，

图版8［甲］　江苏吴县宝带桥

似瓣拱仅限于桥之表面，其内仍为普通圆券。弧拱桥系圆拱弧线之一部分。现存代表作品当推赵县之永济桥。桥为隋巨匠李春建，其开间之巨与年代古远，为国内现存诸桥冠，详见梁思成先生所著《赵县大石桥》一文，兹不复赘。抛物线拱之桥，见于山西。尖拱桥亦多存于北方（图版8［乙］），长江以南，用者较稀。椭圆形拱偶见于苏州（图版9［甲］），疑其导源于圆拱，非蓄意为之也。

图版8［乙］ 陕西三原县桥

拱桥之结构，有于拱之两侧或二拱之间，为节省材料与减轻桥之重量，另辟小拱一处或二处。实例曾见于赵县大石桥、小石桥，及浙江余杭之苕溪桥（图版9［乙］）。以已知之例证之，似其法未受西方之影响也。拱石之间络以铁鼓，使邻接之石，接合严密者，最为普通。但亦有于拱石上琢石榫，犬牙相衔，如江西庐山之栖贤寺桥。桥上两侧多护以栏楯。其建亭或桥屋，商廛其上（图版8［乙］、图版9［乙］、

图版9［甲］ 江苏苏州市某桥（自《Civil Engineering》转载）

图版9［乙］ 浙江余杭县苕溪桥

图版10［甲］　浙江仙霞关桥

图版10［甲］），则同化于木桥之式样无疑也。

绳桥

“绳桥”之制，大都因山溪深谷奔流急湍，不可立桥柱、桥墩者，乃悬长绠为渡，今犹盛用于陕、川、黔、滇及西康诸省。其简单者，以木筒贯藤索或竹索。人过则缚以筒，游索往来，相牵为渡（图版10［乙］）。次如四川灌县之竹索桥，立木架四座于溪间，更于中流累石墩一处，其开间大者约达二百尺。结巨索数行于架及墩上，悬桥于索，铺板其上，复利用两侧之索兼为栏楯（图版11［甲］）。此外记载结构法最详者，当推《图书集成》所载四川汶川县之铃绳桥：“其法用细竹为心，外裹以篾丝，长四十八丈，索用三股合为一股，一尺五寸为圆

图版10［乙］ 四川绳桥

图版11［甲］ 四川灌县竹索桥

图版11［乙］ 某竹索桥两端之桥屋（自《Civil Engineering》转载）

（嘉庆《大清一统志》，谓：绳围一尺五寸）板宽八尺，左、右各四绳木，挂为栏以翼之。挂底横木以扶底，底绳用一十四绳，上铺密板，可渡牛马。东、西两头各五十步，平立两大木柱为架，长可六丈，名将军柱，桥绳俱由架上铺过，使不下坠。东、西建层楼，楼之下各有立柱、转柱；立柱以系绳，转柱以绞绳。”盖竹索非铁絙可比，桥过长者必于两端立木架承之，再辅以立柱、转柱等，俱为旧时结构、施工不可缺遗之要素。亦有将两端之屋分为上、下二层者，下系竹索，上累巨石压之（图版11［乙］）。再次为铁索桥，冶铁索十余条或二三十条，悬于两山岩石间，用木绞使直，铺板其上，如西康之泸定（图版12［甲］），滇之元江（图版12［乙］），黔之盘江，皆为人所习知。盘江桥系明代朱家民建，镝其概略见田雯《黔书》：“冶铁为絙三十有六，长数百丈，贯两崖之石而悬之，覆以板……择材之巨者数百，排比之，卧于两涯水次，镇以巨石，

图版12［甲］ 西康泸定桥

图版12［乙］ 云南元江桥

柱以强干，层垒而加，参差以出，镉其本使固，及两木之末，不属者仅三十尺有四，则又选围可丈之木，交其上，而后行者可方轨联镳。”其余桥之小者，若无崖石可凭借，则夹岸叠石为驳岸，再建屋其上，以资镇压。而最小者，仅系铁索于石柱，或并栏楯无之（图版16［甲］）。桥上亦有覆桥屋如木桥形状，见赵翼所著之《粤滇杂记》，惟为数较少耳。

我国绳桥之起原今尚不明。据《汉书》卷九十六·上·西域传第六十六·乌秅国条：“乌秅国王，治乌秅城。……其西则有县度……县度者，石山也，溪谷不通，以绳索相引而度云。”颜师古注：“县绳而度也。县，古‘悬’字耳。”据《洛阳伽蓝记》卷五宋云惠生使西域，“从钵卢国向乌场国，铁锁为桥，悬虚为渡”；及《水经注》卷一·河水条，“法显曰：度葱岭，已入北天竺……县絙过河，河两岸相去咸八十步……余征诸史传，即所谓罽宾之境……絙桥相引。……”故知两汉、南北朝时，此制已行于西域与印度之北部。在地理上，西域、天竺皆与我川、滇、康、藏诸地较为接近，虽不审为孰创孰因，然二者间，具有连带之关系，殆无疑义。

上述我国桥梁之分类，系就今日已知者言之，补苴谡正，尚有所待，决非短期内所能解决。此外桥之结构，因地理、气候、材料及其他条件之不同，往往有不宜于甲地，而转适于乙地者，其例亦复不少。如石柱之制，自桥墩发达后用者渐鲜。但我国旧式桥洞，开间较小，而墩之体积颇巨，致墩之附近，停留泥沙之机会亦多。待桥洞为泥沙淤积日高，宣泄不畅，一遇洪涛，则桥身首当其冲，未有不岌岌可危。以较石柱，所费工料既钜，而其功用复互有短长，不能一概而论。本文所述之灞、浐、丰三桥，即为适应上述要求而产生者也。

灞、浐、丰三桥，系以石柱代桥墩。柱圆形，每行六柱，中心相去约为直径一倍半。其空间足分洪涛冲击之力，而柱身以石轴四具叠累而成，施工采料，尤为简便。据道光十四年（公元1834年）杨名飏《灞桥图说》，其制仿自康熙四年（公元1665年）梁化凤所建西安西南四十里之普济桥（图版13）。梁氏陕西西安人，清初以军功跻身方镇，见《清史稿》本传及《碑传集》诸书。唯其建桥事迹为平生勋绩所掩，阙而未载。其后康熙中，陕抚贝和诺建灞桥，三载即圮。乾隆二十九年（公元1764年），陕抚明山复造石墩桥于灞上，为空三十有六，架木梁其上，五载后亦圮。道光十三年（公元1833年），陕官民集议重修，而虑桥之易坏。时距梁氏修建普济桥已百有六十余载，其桥见在，因师其式，重建灞、浐二桥。《图说》称其："石盘作底，石轴作柱，水不搏激，而沙不停留，至今巩固。"盖指柱小且圆，不阻水，不停沙言也。今案普济桥虽经后世修治，于一部分石轴柱之外侧，护以石墩，然灞、浐二桥，自建立迄今，已届百载，其桥洞未见淤塞，而轴柱亦无倾颓现象，则《图说》所云，似有所本。其事在桥墩发达以后，将及千载，竟不为常法所蔽，而另辟涂径自成一格。故为介绍于后，供留心我国旧式桥梁结构者之参考焉。

图版13　西安普济桥

二、灞　桥

灞桥在西安东北二十里，跨灞水上。自汉以来，为潼关至西安驿路要津。桥之历史，据《初学记》、《汉书》、《元和志》、《雍录》、《长安志》、《西安府志》、《嘉庆一统志》及《灞桥图说》诸书所载，桥创于汉，以石为梁，其地点在今浐水入灞之北。至王莽地皇三年（公元22年）桥灾，更名长存桥。隋文帝开皇三年（公元583年）重修，复以石为之。唐中宗景龙二年（公元708年），仍旧所为南、北二桥。南桥即今处，时人送别多于此，故亦名销魂桥。入宋后，桥倾圮，经韩缜重修。元时复经山东唐邑人刘彬修筑，为十五虹，长八十余步，阔二十四尺，中分三轨，旁翼两栏，筑堤五里，栽柳万株。明成化六年（公元1470年）布政使余子俊增修。嗣沙壅东迁，遗址仅存。清康熙六年（公元1667年）巡抚贾汉复设舟渡，水落则济以木桥。三十九年（公元1700年）巡抚贝和诺捐俸造桥，甫三年即圮。乾隆二十九年（公元1764年），西安、同州、凤翔三郡士民输金请修复，经巡抚明山奏建石墩木桥，为水洞二十有四，旱洞十有二。越五载，桥复坏，仅存桥墩五座。于是巡抚文绶援前例，定冬、春搭浮桥，夏、秋设舟渡之法。惟秦岭开垦日久，已成童山。夏、秋之际，山洪暴发，沙逐水流，致河床淤积日高，而河面亦渐宽。自乾隆中叶至道光初，六十年间河面增宽五十余丈。当水涨时，搭盖浮桥，固属不易。水消后，又复舟楫莫通，行旅苦之。道光中叶，陕省官民倡议集资重作，经抚臣杨名飏奏准兴工，即现存灞桥是已。

桥工经始于清道光十三年（公元1833年）十月，至翌年七月落成，至今恰为百年周期。其结构详见《灞桥图说》一书。书包含告示、奏稿、部文、桥记、捐赀姓名、图式、修桥法则、童谣解八项，未分卷亦无撰者姓氏，以书中语意推之，似为杨名飏所编。内列图式十五幅，修桥法则十八条，述石轴柱桥之结构与施工法颇详，并旁及打桩、灰土堤诸事，可与江西文昌、万年二《桥志》媲美。第揆之现状，自梁木以上之拦土枋，及风板、栏干等，不与《图说》所载符会，疑其后桥面复经一度或数度之修治。兹摘要绍介于后：

（一）式样

桥之式样，《图说》谓以清康熙间梁化凤所建之普济桥为蓝本。惟普济狭隘仅容一轨，乃取其法扩而大之；于石轴柱上，架木梁，铺板，其上再筑灰土，覆以石板，便车马往来（图版14）。其结构性质，显然属于“梁式之桥”；而所用材料，则混用木、石二种。除上部无桥屋外，大体形式似仍胎息于旧式木柱桥。

（二）桥之尺度

桥长一百三十四丈，分为六十七间（原书称“龙门”），砥柱四百有八。各间之面阔极不一律，有大至7米，小至4米余。疑建造当时，因材料长短不齐与施工方便，随宜决定者。桥面两侧翼以石栏，栏以内约宽7.5米，三轨并行，颇称宏敞，《图说》谓宽二丈八尺，殆包括栏干于内言也。桥之高度，《图说》谓凑高一丈六尺。今按现存桥柱，下部为沙所掩，仅露出石轴二层，其确定高度，尚待查考。若以露出部分推之，大体尚能符合。

（三）开挖引河

灞河宽度自增大后，水分南、北、中三路泛流，非总归于一处。故于打桩前，离桥东上游五里许，自南至北，斜筑堤一道。先淘深三四尺为基础，以稻草、沙土逐层筑起，成外坦内陡形状，计底宽一丈二尺，顶收八尺。龙口水势汹涌，用布袋数百，盛碎石于内沉下，乃易合口。

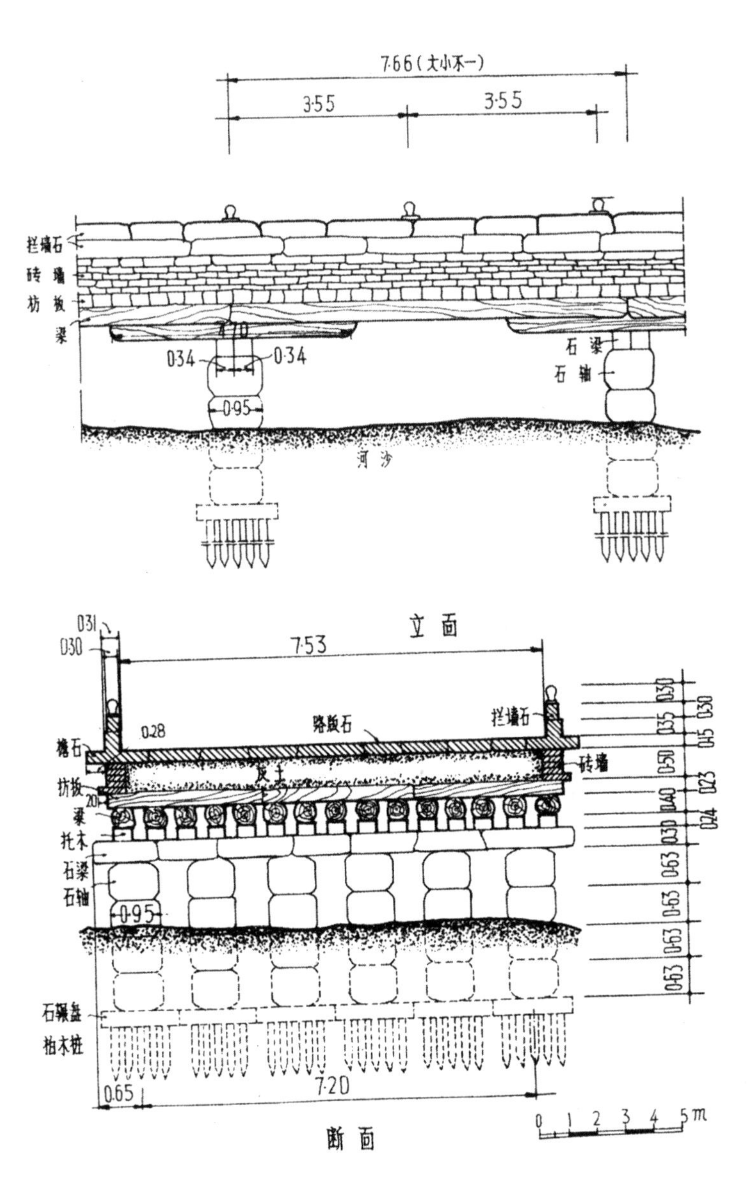

图版14　陕西西安灞河桥

再于堤外密布木桩，编柳条围护，引南隅之水北流。待南头工竣，再改堤引水南流。

（四）引桩

下引桩先用罗盘审定方向，以麻绳牵长一二丈，将罗盘对准。绳不宜过长，长则腰软不准。以柏木桩依绳钉下，每根离一丈，再由第一根挨次顺打。桩以杂木为之，约长六尺，用铁包头。离上端尺余，安横木一根，以便摇拔（图版15）。

（五）水平

下引桩后，待沙澄水定，刨去浮沙，以见水为平。量至引桩，锯一横线为记。安砌石轴下之碾盘，即以横线为准。

（六）刨槽

刨槽须先定各间之面阔，然后自桥头第一排碾盘中心，量至第二排碾盘中心，得中空若干尺，于各排碾盘中心，各钉一桩为记。每槽安石柱六根，宽度依桥面尺寸而定。其下碾盘直径四尺四寸，即于桩两侧，各刨宽二尺五寸，共宽五尺为一槽。槽深三尺，若水少沙干，加深更稳。

（七）梅花桩

打梅花桩以先打之中桩一根为准，再以木板开眼，作梅花桩式，套于中桩上，按眼插桩。就中迎水一根，凿眼通透，桩从眼中钉下，量碾盘之透眼，与迎水中线尺寸对准，免有参差。桩用粗直柏木，色白而绵，冬取者为佳。削去枝节，乘湿带皮用之，则不燥裂。心红而起层者为刺柏，不可用。桩之直径，自五寸至八寸。长一丈三尺。每一碾盘下，用桩十三根，如木板桩式所示（图版15）。内迎水一根，留高一尺，套入碾盘卯眼

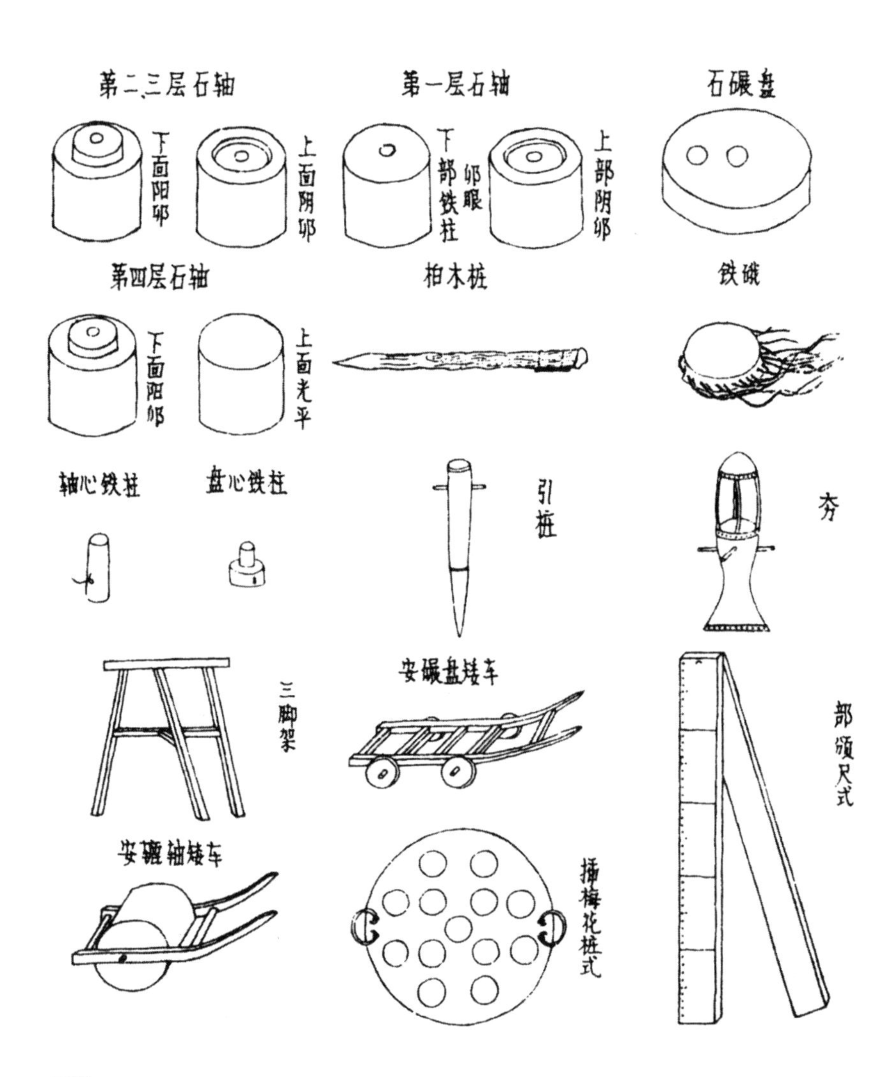
第二三层石轴
下面阳卯
上面阴卯
第一层石轴
下部铁柱
卯眼
上部阴卯
石碾盘
第四层石轴
下面阳卯
上面光平
柏木桩
铁硪
轴心铁柱
盘心铁柱
引桩
夯
三脚架
安碾盘矮车
部颁尺式
安礦轴矮车
插梅花桩式

图版15

内，露出卯外。打桩时，以三脚架四具围摆，上搭枋板，立十六人，摔铁硪打之。硪以生铁铸成，径一尺二三寸，厚三寸，约重一百三十斤。周围列三十二孔，以生麻结辫十六条，每辫约长五尺，穿二孔，各以一人拉之。若土坚桩长，不易钉入，则先打引桩三四尺，拔起后，再插柏木桩。凡打桩，须时刻监察，非打破毛头，不准截锯。

（八）安砌礓盘

前述梅花桩打完后，须按水平锯齐。若稍有高下，则安砌礓盘，必不平正。礓盘（图版14、15）径四尺五寸，厚一尺，中心凿卯，径五寸，深五寸，内安铁柱，俾与上层石轴（原文又称辘轴）联络。又于离边五寸处，凿一透卯，径五寸，套迎水桩于内。施工时，先以厚木材铺路，用矮车运礓盘至槽口，将礓盘透卯对准，套迎水桩于内。再用墨线自两头中线拉直，使与礓盘中线一致。盘之底面与桩头，须挨次检验，若有空虚，用熟铁片垫塞，务使根根着实，稍有活动，便倾侧不能稳固矣。礓盘外侧，再靠盘钉护桩八根保护之。

（九）安砌石轴

石轴四层（图版14），各径三尺，高二尺；另于上、下二面，作雌雄卯，安铁柱于内，以资联络。即第一层石轴底面，凿铁柱卯眼一个，径三寸，深五寸；上面凿阴卯一个，径一尺，深寸半，卯内再凿铁柱卯眼一个，径三寸，深五寸（图版15）。待礓盘砌妥后，照前法以板铺路，用矮车运石轴至槽口，先以糯汁、牛血拌石灰锤融，约用石灰五十斤，填于礓盘中心卯眼内。次将盘心铁柱安入卯内。铁柱分上、下二层（图版15），上层径三寸，高五寸；下层径五寸，高五寸。然后用木棍将石轴四面撬起，对准上、下卯眼放下。如底有不平，用铁片垫塞，防其动摇。第二、第三两层石轴，俱于底面凿阳卯一个，径一尺，

图版16［甲］　陕西汉中留灞栈道铁索桥

图版16［乙］　陕西西安灞桥

高寸半；阳卯中心，再凿铁柱卯眼一个，径三寸，深五寸。又于轴上面凿阴卯一个径一尺，深寸半；再凿铁柱卯眼一个，径三寸，深五寸（图版15）。安砌时，因位置渐高，须两边搭架，横头斜塔大木二根，以厚枋板从上而下，铺至地面，将石轴放倒，下用木棍，上用麻辫挂住，拉至架上放平。次于下层石轴之中心阴卯内，安装轴心铁柱（图版15），径三寸，高一尺；依前法，将石轴砌上。第四层石轴底面，凿阳卯，同前，唯上面因安放石梁，无阴卯，稍异（图版15）。

（十）石梁

前述每排石柱六根，俱用碾盘一层与石轴四层构成。石柱之上，再加石梁一层（图版14）。梁之宽、厚，均一尺二寸，共用石十四根。内四根长二尺七寸五分，分搭两头，计实砌于外侧石轴上者一尺五寸，挑出轴外者一尺二寸五分。每头俱系平砌两根（图版17［甲］），接缝适在石轴之中心。另于梁底凿暗卯，安直径三寸，长五寸之铁柱，期其稳固。此外中部石轴，共五空间，安砌四尺五寸长石梁十根，亦系两根并用。

（十一）托木

石梁上加托木十五根（图版14，17［甲］［乙］），木长七尺，厚八寸，宽一尺。在平面上，与石梁成九十度。先于石梁上，匀分槽口十五处，每处凿宽一尺，深一寸，将托木两头削圆，装于石梁上，以受木梁。

（十二）木梁

每洞横搭木梁十五根，各位于托木上（图版14）。梁径一尺二三寸，长准各间面阔。两头搭至石轴中心，以蚂蝗铁钉两头钩住，使连成一气。

图版17［甲］ 灞桥详部（其一）

图版17［乙］ 灞桥详部（其二）

（十三）枋板

木梁上铺枋板（图版14），与梁成九十度。板宽一尺，厚八寸，长七八尺不等，以四块联为一排，凑长等于桥宽为度。每枋一块，用暗闩二个，每个长五寸，宽三寸，厚一寸。每块接头处，嵌柏木银锭扣一个，横直相连，虽经重载往来，不至移动。

（十四）拦土枋及灰土

《图说》谓枋板上，两边横安拦土枋二层，均长七八尺，宽八寸，厚一尺。枋中间底下，俱用暗闩两个，上面接缝嵌银锭扣，桥外两边再用蚂蝗长钉，从梁木牵至拦土枋钉住，以防筑打灰土时，拦土枋向外挤出。枋之外侧，自飞檐石以下，满钉风板二层，每层高一尺，厚三寸，糊以桐油麻灰。枋以内满筑三合灰土，厚二尺。今按桥之现状，已易拦土枋为砖墙（图版14、17［甲］），高半公尺，不及《图说》所载之二尺；其外侧亦无风板存在（图17［甲］）；似木梁以下部分，已经近世改造矣。

（十五）路板石及檐石

筑灰土至拦土枋平，其上安路板石一层（图版14），石长三尺，厚五寸。在桥面两侧者，挑出桥边七寸作檐，上加拦墙石，压住一尺一寸，余一尺二寸，留内作路（图版14）。

（十六）拦墙石与栏杆

拦墙石二层：下层一尺一寸见方，上层一尺见方，具用糯米汁、牛血拌石灰嵌住，接缝加铁锭。据《图说》拦墙石与桥边齐，但现墙则向内缩进少许（图版14），当系后代所改。其上两边各排栏杆一百二十个，每个相离一丈一尺，高一尺五寸，方五寸，凿眼于拦墙石上，深入四寸，露明一尺一寸，用糯米汁、牛血拌石灰嵌定。旧雕鸟、兽、花、果不一其式，两头用犀、象各二个云。

（十七）灰土堤

桥之两端各树枋楔，建神祠、候馆、碑亭，又于两岸加筑土堤三百丈。堤高以二丈为率；内堤根刨槽五六尺，堤身露明一丈四五尺。仿黄河走马堤，外坦内陡。底宽二丈四尺，顶厚八尺，上、下均折一丈六尺。每堤一丈，打土三十二方，每方宽、厚皆一尺。里皮用灰土二步，每步计一尺，外皮灰土五步，填槽灰土二步，盖顶灰土四步；约堤一丈，打灰土十一方，素土二十一方。土工八锤八夯八硪，土近者每方不过银五六钱。石灰每方四百斤，十一方合用石灰四千四百斤。每堤一丈，高二丈，厚一丈二尺。因取土远近，买灰贵贱不等，约估工料银三十两。又堤过于当冲，必须于堤头上，离八九丈，另作水箭一道，逼溜向外。箭头宽一丈，尾宽五六丈，长十丈，亦用灰土包筑，与正堤同。按灰土堤之法，得之严如熤。如熤前守汉中时，见山河堰石堤，用海塘勾闩法，旋作旋冲，因筑灰土堤二百丈，堰堤内、外皆流水，历久不倾；又于沔城西南角冲当之处，打灰堤三百丈，迄今巩固云。

（十八）监修人员

灞桥及浐桥重修工程，系陕抚杨名飏董其事。参与谋度，相与咨诹者，有何煊、李义文、莫尔赓、程懋采、查延华、庆禄、孙兰枝诸人。监工督造，则为许保瑞、汪平均、陈斌、陈煦、黄谦受、倪柱等人。其余司出纳、稽核、捐输、采料、簿计及襄理工务诸员，具载道光十四年杨名飏《重建灞桥记》一文，兹不复赘。

（十九）工费

桥之经费，由长安、咸宁、咸阳、渭南、泾阳、三原、朝邑、大荔、郃阳、韩城、盩厔等县官绅士民，共捐集十二万四千六百余两，再加乾隆三十年修桥余存银四千余两，共十二万八千六百余两。除灞、浐二桥用工料银十万三千余两，尚存银二万五千余两，照旧例发商生息，按季汇解司库，供二桥岁修之用云。

三、浐　桥

桥在灞桥西十里，跨浐水上。浐水亦源出秦岭，经峣山口，北流入灞。旧有桥，久冲没，病涉与灞桥同。清道光十三年，杨名飏重建灞

图版18［甲］　浐桥侧面

图版18［乙］　浐桥详部（其一）

桥后，复以余赀建浐桥。桥长四十二丈，区为二十间，砥柱一百有六，宽二丈三尺，高一丈五尺，两端建枋楔，式样做法，略如灞桥（图版18［甲］、［乙］，19［甲］）。其详部结构与灞桥异者，表出如次。

（1）桥之宽度，较灞桥稍窄，故每间仅用石轴柱五根。石轴之高，最上层稍矮，非每层相等，与外侧饰龙首，俱与灞桥异。

（2）木梁之数，减为十三根。托木亦然。

（3）托木之断面，改方形。

（4）枋木大小不一律。其巨者嵌入木梁内，可于枋板外端见之。

（5）风板已凋落无存。栏土枋之位置，改用砖墙，当与现存灞桥同经后世改造者。

图版19［甲］ 浐桥详部（其二）

图版19［乙］ 丰桥侧面

四、丰 桥

丰桥亦作沣桥，在西安东南三里，跨沣水上，故亦称三里桥。据《西安府志》及《嘉庆一统志》，桥创于明永乐十二年（公元1414年）。孝宗弘治五年（公元1492年），知县赵琏重修，架木为之，高一丈五尺，阔二丈余。现存之桥，则为石轴柱式（图版19［乙］，20［甲］、［乙］），与灞、浐二桥类似，疑非赵琏之旧。但其建造年代，诸书略而未载，姑留以待考。

桥凡二十七间，每间列石轴柱六根，每二根相并，以铁箍系之，非前二桥所有。石轴之数，露出河床上者四个，其下不明。轴高超过本

图版20［甲］ 丰桥详部（其一）

图版20［乙］　丰桥详部（其二）

身之直径，与灞、浐二桥适相反，故其河床以上部分亦较高。石轴上并列枕木二根，非石制。再上施极短之托木，与木梁，各八根。其间隔颇稀，不如灞桥严密。风板间有脱落，犹存大部。其上栏杆系板筑之土垣，较简陋。两涯则以石轴累叠为驳岸，亦不常见。纵观此桥式样，大体虽与灞、浐二桥一致，而其详部结构方法，不如前二桥之坚固合理，疑其年代或亦稍晚。

［附记］本文灞、浐、丰三桥相片及灞桥实测图，系张昌华先生所作。又承陕西建设厅代摄普济桥相片，杨廷宝先生惠赠福建漳州桥相片，统此致谢。

（此文首次发表于1934年3月《中国营造学社汇刊》第五卷第一期。后经作者厘正。）

中国之廊桥

一

旅行我国西南诸省者，每于山溪绝涧，泉瀑奔腾，或平原郊郊，柳岸沙汀之际，见有桥亘如虹，上覆廊屋，饰以重檐，或更构亭阁，挺然秀出，极似宋人所绘栈道图，雄丽而饶画趣。惟此式之桥，有无专称，以愚荒陋，未之前闻。至于桥之起源、演变，与其结构、造型，就今日所知，亦乏专著以阐其真相。兹篇所述，仅就见闻所及，粗发其端，聊供参考。

二

我国典籍浩如烟海。其言桥梁者，自明以前，大抵片言只字，散见群书，爬梳整比，无异披沙拣金。自明以降，专门著作往往间出。言铁索桥者有诸盘江桥记[①]，石柱桥有《灞桥图说》[②]，石券桥有官式做法[③]及《文昌桥志》[④]、《万年桥志》[⑤]等。而各地方志中，虽有宋、元时已于桥上覆亭、构屋多间之载述，但均属后人所录，未可全信。惟唐·白居易《修香山寺记》[⑥]，有“登寺桥一所，连桥廊七间”之句，乃现知此式桥最古之文献。但所云寺桥，系指香山寺前之桥，而非专门术语。古人谓：“顾名思义，而名由义生。”今秉斯旨，暂以“廊桥”二字撰述此文，或与桥之外形、结构较为接近，惟僭拟之名，不能自我作古，尚希博洽诸君不吝指正。

三

我国桥梁依其结构方式，大致可区为三类：曰：梁式桥。曰：拱桥。曰：绳桥。绳桥最早之叙述，见于《汉书》西域传·乌秅国条[⑦]，而

① 康熙《贵州通志》卷四十二·艺文·碑记·下三元《重修盘江铁桥碑记》。咸丰《安顺府志》卷十三·关路津梁·桥·永宁州·盘江桥条。

② 清陕西巡抚杨名飏道光十四年著。

③ 有《营造算例》第九章·桥座做法、《石桥分法》、《工程备要随录》等。

④ 桥在江西抚州（今临川）汝水上。书凡八卷，成于清嘉庆十八年（公元1813年）。另有《续修文昌桥志略》及《三修文昌桥志略》各一册。

⑤ 桥在江西南城县。书凡八卷，清·谢甘棠撰。

⑥ 《白香山诗》后集卷十一。

⑦ 《前汉书》卷九十六（上）·西域传第六十六·乌秅国条。“乌秅国王，治乌秅城。……其西则有悬度……悬度者，石山也，溪谷不通，以绳索相引而度云。”

其时中原诸地尚阒然无闻，不审于何时传入。及至明、清以降，我国西南之川、滇、康、藏一带仍有用者。拱桥之记载，以《水经注》晋太康三年（公元282年）所建洛阳旅人桥[①]最古。然事出创举，仰步武前规，尚无从确定。[②]惟梁式之桥，散见《孟子》[③]与《史记》[④]诸书，其时代较上述二种为早。而汉族文化繁衍于大河流域，其地土壤腴美，林木密茂。先民因地制宜，因材致用，故宫室、居处咸以土、木为主要构材，于是形成后来通行之木架建筑。而木构之梁式桥为我国桥梁最古之结构法，亦事之无可疑者。第木材为其强度所限，跨距不能过长，水面宽者，势必增加桥之孔数。各孔之间，或立柱为架以承梁之两端；或虑木材易毁，代以石柱、石墩；或结舟成行，上施梁木，系以铁绠，固以锚具，谓之“浮梁”。此数者中，除石墩产生较晚外，余皆见诸经传。如《史记》苏秦传：“尾生与女子期于梁下，女子不来，水至不去，抱柱而死”。其一例也。而汉代画像石中，此类梁式桥之形象，亦数见不鲜。

惟木梁之上加构廊屋，则不知始于何时。以意度之，殆与阁道之产生前后同时。何以言之？自殷、周迄于两汉，我国宫殿竞尚璀巍。如燕故都遗址，筑土为台，高三四丈不等。而西汉长安诸殿，著录于李好问《长安图志》者，胥截山为基，渺若仙居，台殿之间则联以阁道，窈窕相通；其巨者，且自未央跨逾长安西墉，以达建章。而阁道咸以木构，有室有窗（见拙作《大壮室笔记》[⑤]。方之廊桥，名谓虽殊，而用途、结

① 《水经注》卷十六·谷水条：“……其水又东，左合七里涧，涧有石梁，即旅人桥。桥去洛阳宫六七里，悉用大石，下圆以通水，题太康三年（公元282年）十一月初就功。”

② ［整理者注］：今日所见汉代画像石中，已有单孔重券之圆拱石桥（山东邹城高李庄东汉墓）及单孔之弧形拱桥与其下承以1—3根支承之多跨弧形拱桥（山东嘉祥、河南新野东汉墓）等多种形象。

③ 《孟子·离娄》：“子产听郑国之政，以其乘舆，济人于秦洧。孟子曰：‘惠而不知为政’。岁十一月，徒杠成。十二月，舆梁成，民未病涉也……”

④ 《史记·秦本纪》：“昭王五十年（公元前257年），初作河桥。”

⑤ 载《中国营造学社汇刊》三卷三期及《刘敦桢文集》卷一。

构似无二致。故疑廊桥之诞生，或在西汉以前，春秋、战国之际。

《汉书》王莽传载：地皇三年，长安灞桥灾，自晨至夕，桥尽火灭[①]。惜其时桥之长度与结构均无从得知，据今日灞水河面，仅宽二三百米，向非木构之桥，或桥上未建廊屋，则焚烧时间，不致若是之久。乃史文简略，不悉其详，存疑而已。自是以后，只白氏《修香山寺记》略曾道及。而较为详尽者，无如宋·李嵩所绘《水殿纳凉图》[②]（图1）。图中有廊桥七间，其中央一间，下建木柱二列，上为桥身，两侧翼以勾阑，并施阑额、斗拱，覆以盝顶。左、右各三间，则临水筑基，基上木柱略低，而桥身与廊顶均呈斜上状，其勾阑、阑额、斗拱之属皆具。李氏为南宋画院巨擘，夙以界面见长，故此桥之形状结构，应与当时实物相去匪远。

图1 宋李嵩《水殿纳凉图》一角（故宫博物馆藏）

此外，宋代廊桥之最脍炙人口者，莫若杭州之丰乐桥。其上施以重楼，为当时朝士聚游、会饮之地。余如《闽部疏》及各地方志所载者，数量之巨殆难枚举。及元、明之后，桥面以下结构大多易木为

① 《前汉书》卷九十九（下）·列传第六十九·王莽："……乃二月癸巳之夜，甲午之辰，火烧灞桥，从东方西行，至甲午夕，桥尽火灭。……"

② 载《故宫周刊》第六十一期。

石，全部木构之桥，于北方诸省者尤为罕见。盖木植难久，又易罹火，况取材匮乏，其与石券桥之发达，俱不失为隆替之主要因素欤？

考桥上构廊屋者非独梁式桥，即拱桥与绳桥亦常有之。前者如陕西三原县桥、浙江余杭苕溪桥①。后者如云南大理云龙桥、永昌霁虹桥等，惟均见于记载②，实物则今日鲜有存者。

就廊屋而言，多数廊桥皆覆以全顶；少数则以中央为通衢，而于二侧建长廊，廊外再设行道及扶栏，例见清乾隆时苏州阊门外桥③。至于仅在桥头或桥中，局部建门、亭、楼、阁者，因与廊屋有别，故本文不予阐叙。

木构廊桥桥面通铺以厚木板，或于其上再置石板，或甃以陶砖，以利往来车马。廊屋之柱、门、窗、侧墙及栏杆亦多用木。柱、梁之上，亘以屋架，再覆陶瓦。但间有施茅草者，如清代云南缅宁厅之茅草桥④即是。屋顶形式以两坡为最多，歇山次之，盝顶仅见于前述宋画。至于附加之亭、阁，则多用单檐或重檐之歇山顶或方攒尖。廊侧之檐柱间，下部置勾阑或挡雨板，上部常不施窗牖，惟设店肆、居人者例外。有腰檐之廊桥，上、下均用直棂式栅栏，或直棂与其他花式纹格并用。桥门迳用洞门，或用栅栏板门，以司启闭。

我国廊桥，散处陕、甘、川、滇、黔、桂、湘、赣、闽、浙、苏诸省，然载于文献者众，见之实物者寡。现存廊桥，以湖南西南与广西西北一带为数较多⑤，形式亦颇为秀丽而富于变化。余故居僻处湘省西南，

---

① 载《中国营造学社汇刊》五卷一期。

② 光绪《云南通志》卷四十八·建置志·津梁·大理府·云龙桥条。同书卷五十·永昌府·霁虹桥条。

③ 清乾隆·徐杨《盛世滋生图》阊门一段。

④ 光绪《云南通志》卷四十九·建置志·津梁·缅宁厅·茅草桥条。

⑤［整理者注］：据近年之调查，我国现存廊桥于闽省山区犹有不少实物，其结构与外观亦多具变化。

昔日交通阻塞，不易接受外来影响，故旧法流传，犹未全替。现境内之桥，属于此式者甚多，而其中又以江口桥最为雄巨（图2）。

图2 湖南新宁县江口桥外景

四

江口桥在湖南省新宁县县治西北四里，创于明万历中。但入清以后，屡经修治，已非原貌。此桥跨新岜水上，东西九孔，长102米。桥之两涯各建驳岸一处。中为石墩（即分水金刚墙）八座，皆以粗巨石条叠砌。墩迎水一面构分水尖，以杀洪流，其另端则作方头。石墩上各置水平挑梁八根，其上再施楞木数条，在平面上与挑梁直角相交。如是层叠而上，至第三层挑梁，已伸出墩侧约2米，其上再置楞木以承受桥身大梁（图3）。

大梁为上粗下削天然圆木。故以下段与上段颠倒搭配，依次骈比，几无空隙。另以木桩削尖一端，自上插下，贯通大梁与挑梁，并夹于石墩之两侧，以期稳固（图3）。

大梁上铺木板一层，约阔3.5米，板之两侧各施地栿二行。外侧地栿上立檐柱，内侧地栿上立老檐柱，柱上各置桁、梁，以构成廊屋之骨

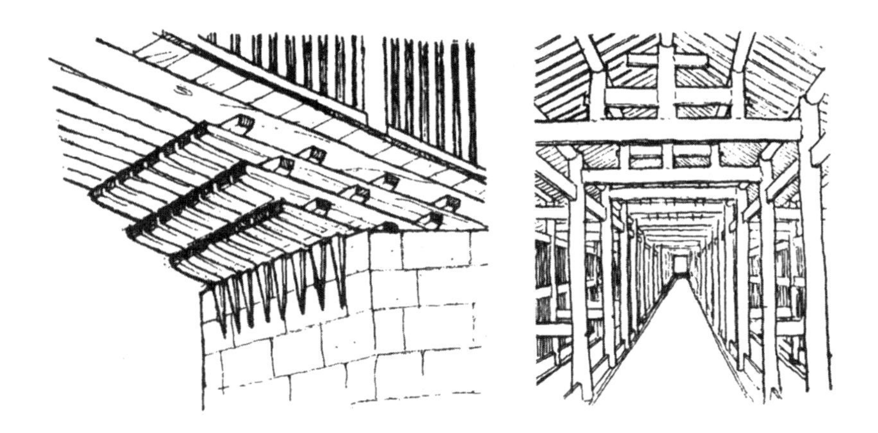

图3 江口桥桥墩详部　　图4 江口桥内部梁架

架。每架之间隔大小不等，平均约在2米左右，其位置与桥下石墩及桥孔跨距并无关涉。

老檐柱顶端施中金桁。前、后二老檐柱间置五架梁一根。梁上立瓜柱二，以受上金桁。梁之中点复建脊瓜柱，载以脊桁。此三瓜柱间贯以短梁，藉资联络，但非北方之三架梁式样（图4）。外侧檐柱上直接承下金桁，并于柱端伸出挑梁，以荷挑檐桁与出檐之重量。另于檐柱之中段偏下处，再出挑梁一层以受腰檐。以上二层挑梁之后尾，皆插入老檐柱内。

廊屋之顶为两坡式，铺以小瓦。而桥中央一间，过去因祀关羽，故加建歇山式檐，以示崇异，于是外观形成变化。桥身二侧，于腰檐上、下悉施直棂窗。桥之两端辟有桥门，并各建山墙一堵，俾廊屋至此，有所归宿。墙首中部隆起如弓，两侧墀头则向上反曲，故有“猫拱背”之称。但境内其他诸桥，亦有将墙头砌作阶梯形者，或不砌山墙，而代以单檐或重檐歇山之亭屋。桥门位置有在桥端一侧，或混合采用之。其余细部变化，形制殊多，不能一一殚举，欲穷其妙，尚有俟诸异日焉。

六朝时期之东、西堂

一

周代门殿制度，见于《礼记》、《周官》二书者，郑成康谓之："三朝五门"。三朝者，一曰：外朝，用以决国之大政；二曰：治朝，王及群工治事之地；三曰：内朝，亦称路寝，图宗人嘉事之所也。五门之制，外曰：皋门；二曰：雉门；三曰：库门；四曰：应门；五曰：路门，又云毕门。后世皇帝，缘饰儒术，以为治体，其于宫室，每以周制为范。如隋文帝建新都，以承天门为大朝；太极、两仪二殿为常朝、日朝。唐营东内，建含元、宣政、紫宸三殿；下及宋之大庆、文德、紫宸；明之奉天、华盖、谨身；清之太和、中和、保和，靡不因袭相承，成为定则。然案天子、诸侯门殿，郑氏仅举其名，而配列方位，未予详释。此或疑以传疑，不可厚非。然郑注《秋官·小司寇》，谓外朝在雉门之外，其注朝士及《礼记》文王世子，又在路门之外，抵触若此，宜乎后儒诠经，胶执异同，纷纭千载，莫由裁决矣。且始皇兼并六国，仿写宫室，建之咸阳。其后萧何营长乐、未央，或因当时需要，折衷秦制，故其规模，与周制不同。如两汉宫殿与诸帝陵寝，咸以前殿为主体。前殿者，与后寝对立而言，未闻所谓三朝之法也。其时元会、即位、婚丧诸典，俱于前殿举行。殿之东厢，则为召见臣工[①]、岁旱祈雨[②]、白事[③]、待驾[④]，及太子视膳[⑤]之所。足征汉之前殿实兼大朝、常朝、日朝为一。应劭、孟康、干宝诸人，谓汉以丞相府为外朝，大司马、前后左右将军、侍中、常侍散骑为内朝[⑥]，乃儒生牵强事实，附会经说，非确论也。逮三国鼎立，魏都洛阳，明帝因汉南宫故址，营太极殿为大朝，又建东、西堂供朝谒、讲学之用。自是以后，迄于南北朝末期，兼为听政、颁令、简将、饯别、举哀、斋居之所。而二堂位于太极左右，南向成一横列，视后儒所释周之三朝，南北重叠鱼贯相属者，适得其反。故郑氏之说即使属实，而两汉、南北朝之际，其制中绝亦灼然如见矣。由是而言，周以来外庭配列之状，约可分为四期。

第一期　周之三朝，依其功用，似各为独立之建筑，惟记载残缺，区布之状，须待今后考古发掘之证实。

---

① 《前汉书》卷九十三·董贤传："哀帝崩，太皇太后召大司马贤，引见东厢，问以丧事"。

② 《后汉书》卷九十一·周举传："河南三辅大旱……天子亲自露坐德阳殿东厢请雨"。

③ 《汉官旧仪》："丞相府西曹六人，其五人往来白事东厢"。

④ 《前汉书》卷九十九·王莽传："太后诏谒者，引莽待殿东厢"。

⑤ 《后汉书》卷七十·班彪传："旧制太子五日一朝，因坐东厢，省视膳食"。

⑥ 《前汉书》卷七十七·刘辅传注及《后汉书》卷三十四·百官志注。

第二期　两汉以前殿为大朝，东、西厢为常朝、日朝。

第三期　自曹魏迄陈，以太极殿为大朝，东、西堂为常朝，疑由汉之东、西厢演变而成。

第四期　隋、唐、宋、元、明、清之外庭，三殿重叠，号为周制复兴。然殿之用途，因时而异，不尽相同。

自来穷经之士，好言宫室名物，清代朴学昌明，其风尤甚。故著作流传，属于第一期者较多，第二期者次之，第三期之东、西堂，散见史籍中无虑数十处，顾乃无人措意及之。不但历史宫室至中古一段不能通会，即数百年文物制度与风俗习惯，沉霾埋没，亦无由褫曝于世。爰就涉猎所及，汇为此篇，倘亦留心史事者之一助欤。

二

东堂又称太极东堂，始见于曹魏之中叶。《三国志·魏志》卷四之高贵乡公甘露元年（公元256年）注引《魏氏春秋》："二月丙辰，帝宴群臣于太极东堂，与侍中荀觊，尚书崔赞、袁亮、钟毓，给事中书令虞松等，并讲述礼典，遂言帝皇优劣之差"。又同卷甘露元年注，引傅畅晋诸公赞："帝尝与中护军司马望、侍中王沈、散骑常侍斐秀、黄门侍郎钟会等，讲宴于东堂，并属文论名"。其事并见《通鉴辑览》卷二十九·魏主髦视学条，知其时讲宴固非一度。然《魏书》卷四载："高贵乡公……至止车门下舆。左右曰：'旧乘舆入'。公曰：'吾被太后征，未知何为'。遂至太极东堂，见于太后。其日即位于太极前殿"。是于正元元年（公元254年）以前已有此堂，其非髦所建甚明。按魏文帝黄初元年（公元220年）自邺入洛营建宫室；明帝青龙三年（公元235年）起太极、昭阳诸殿；见《魏志》文帝、明帝二纪。而文帝纪注著录尤详。其言曰："臣松之案：诸书纪是时帝居北宫，以建始殿朝郡臣，门曰：承明，陈思王诗：‘谒帝承明庐’是也。至明帝时，始于汉南宫崇德殿处，起太极、昭阳诸殿”。据此，太极前殿既建于明帝青龙间，而其后数载，帝崩。高贵乡公即位，复有东堂。则前殿与东堂俱为明帝所建，其事至为明显。惟说者以前殿、东堂皆冠以太极二字，疑堂为殿之一部，若汉东、西厢之状。然依下文所释，此二者实各为独立之建筑。因堂位于殿东，故云东堂。且言东堂，必有西堂与之对称，亦不难想象而得。然一时制度之厘革，必经若干时间之酝酿，而非贸然产生者。稽之载籍，东、西堂之制，在青龙以前实已隐肇其端。考汉建安末，曹操立魏宫室于邺，其事见左冲《魏都赋》：“造文昌之广殿，极栋宇之宏规。……左则中朝有赩，听政作寝。……于前则宣明、显阳、顺德、崇礼，重闱洞出。于后则椒鹤文石，永巷壶术，楸梓木兰，次舍甲乙……特有温室。……右则疏圃曲池，下畹高堂，兰渚莓莓，石濑汤汤。……驰道周屈于果下，延阁胤宇以经营，飞陛方辇而径西，三台列峙以峥嵘”。依其所述，系以文昌殿为主体；建日朝听政殿于文昌之东；宣明、显阳诸门于听政之前；后宫、温室、椒鹤、木兰等于听政之后；而文昌之西，辟为池圃，以阁道通于铜爵三台。此或拘于地势，不能采用均衡对称之布局，然其日朝未附于大朝之内，而于大朝之东独立自成一区，乃变通汉制，下启东、西堂之关键，足为汉、魏间过渡时代之例证。其后明帝太和末营许昌，于景福殿左右翼以温房、凉室，似为三殿横列之制。自魏以前未之前闻，殆为明帝所创无疑也。何宴《景福殿赋》所谓：“立景福之秘殿，温房承其东序，凉室处其西偏”者是也。至其营建年代视太极二堂略早数载。故疑二者之间，不无因袭相承之关系。然则汉以来之日朝，至曹魏已逐渐蜕变，依此数例，略可得窥其涯岸矣。

三

晋承魏统，仍都洛阳。据《晋书》卷五·孝怀帝纪："及即位，始遵旧制，临太极殿，使尚书郎读时令。又于东堂听政。至于宴会，辄与群官论众务，考经籍。黄门侍郎傅宣叹曰：今日复见武帝之世矣。"同书卷二十八·五行志（中）："赵王伦篡位，有鹑入太极殿，雉集东堂。天戒若曰：太极、东堂皆朝享、听政之所，而鹑、雉同日集之者，赵王伦不当居此位也"。知东堂为武帝以来听政之地，与大朝太极殿并称。其时除正会外，并于此召见群臣。亦见《晋书》卷四十二·王浑传："先帝时，正会后，东堂见征镇长史司马、诸国王卿、诸州别驾"。卷四十·贾充传："帝闻充当诣阙，予幸东堂以待之"。其余颁令，见同书卷五十九·赵王伦传："迎帝幸东堂，遂废贾后为庶人，幽之于建始殿"。饯别。卷五十二·郤铣传："累迁雍州刺史，武帝于东堂会送"。卷八十八·李密传："迁汉中太守，自以失分怀怨，及赐饯东堂，诏令赋诗"。举哀。卷三十七·安平献王孚传："泰始八年（公元272年）薨，时年九十三。帝于太极东堂，举哀三日"。卷四十四·郑袤传："泰始九年（公元273年）薨，时年八十五。帝于东堂发哀"。胥皆于是。惟当时记载，未及西堂，殊为莫解。永嘉乱后，晋室南迁，偏安江左，其制未废。如《晋书》卷七·成帝纪："咸和四年（公元329年），正月，峻子硕攻台城，又焚太极、东堂、秘阁皆尽"。足为佐证。苏峻之乱，宫室焚荡，旋即规复。故成帝末，朔望仍听政于东堂。载《晋书》卷七·成帝纪："咸康六年（公元340年）七月乙卯，初依中兴故事，朔望听政于东堂"。

其后东、西堂互为召见、饯别、宴叙、举哀之用，似与晋初稍异，足窥随宜变易，无一定之法也。《晋书》卷三十二·孝武帝·王皇后传："后性嗜酒骄妬，帝深患之。乃召蕴于东堂，具说后过状"。卷十·安帝纪："义熙元年（公元405年）四月，刘裕旋镇京口。戊辰，饯于东堂"。卷九·简文帝纪：咸安元年（公元371年）十一月辛亥，"桓温遣弟秘逼新蔡王晃，诣西堂自列与太宰武陵王晞等谋反，帝对之流涕"。卷六十九·周顗传："太兴初……帝宴群公于西堂。酒酣，从容曰：今日名臣共集，何如尧舜时耶"。卷九十二·伏滔传："太元中……孝武帝尝会西堂，滔豫坐。还，下车。呼子系之谓曰：百人高会，天子先问伏滔在不，此故不易得，为人作父如此，定何如也"。卷七十四·桓冲传："冲将之镇，帝饯于西堂，赐钱五十万"。卷九十九·桓玄传："玄……篡位……小会西堂，设伎乐殿上，施绛绫帐，缕黄金为颜，四角作金龙头，衔五色羽葆旒苏"。卷八·海西公纪："太和六年（公元371年）十一月己酉，百官入太极前殿。即日，桓温使散骑侍郎刘亨收帝玺绶。帝著白袷单衣，步下西堂，乘犊车出神兽门"。卷六十四·武陵成王晞传："太元六年（公元381年），晞卒于新安，时年六十六。孝武帝三日临于西堂"。卷十·安帝纪："义熙元年（公元405年）三月戊戌，举章皇后哀三日，临于西堂"。卷六十四·会稽文孝王道子传："诏徙安成郡，使御史杜竹、林防、卫竟承玄旨酖杀之，时年三十九。帝三日哭于西堂"。卷三十二·孝武帝李太后传："隆安四年（公元400年）崩于含章殿。……设庐于西堂，凶仪施于神兽门"。惟《晋书》载明帝、简文帝、安帝，均崩于东堂。卷六·明帝纪："太宁三年（公元325年）闰八月戊子，帝崩于东堂"。卷九·简文帝纪："咸安二年（公元372年）七月乙未，帝崩于东堂"。卷十·安帝纪："义熙十四年（公元418年）十二月戊寅，帝崩于东堂"。然成帝、哀帝崩于西堂，似又兼为寝宫。卷七·成帝纪："咸康八年（公元342年）六月癸巳，帝崩于西堂"。卷八·哀帝纪："兴宁三年（公元365年）二月丙申，帝崩于西堂"。而沈约《宋书》良吏传，称晋世诸帝多处内房，朝宴所临，仅东、西二堂，与之适相凿枘。然刘裕缢安帝于东堂，征之史册，确凿可信，知《晋书》所载，非全无所本。惟其余诸帝之崩御地点，犹待论证，非今日所能臆定也。

刘宋时，于西堂接群下，受奏事，与太子婚后叙宴，一如晋末故事。《宋书》卷六·孝武帝纪：“孝建三年（公元456年）二月乙丑，始制朔望临西堂，接群下，受奏事”。卷八·明帝纪：“事定，上未知所为。建安王休仁便称臣奉引升西堂，登御座，召见诸大臣。于时事起仓卒，上失履，跣至西堂，犹着乌纱”。卷十四·礼志：“文帝元嘉十五年（公元438年）四月，皇太子纳妃。其月壬戌，于太极殿西堂叙宴二宫队主付、司徒………侍郎以上，诸二千石在都邑者，并豫会”。其听讼、简将，则于东堂为之。《宋书》卷八·明帝纪：“泰始六年（公元470年）十月己酉，车驾幸东堂听讼”。卷六十一·江夏文献王义恭传：“战败，使义恭于东堂简将”。

萧梁末侯景之乱，东、西堂俱罹劫灰。见《梁书》卷五十六·侯景传：“使……于子悦屯太极东堂，矫诏大赦天下”。卷四十五·王僧辩传：“其夜军人采梠，失火烧太极殿及东、西堂”。

陈高祖重建以朝远臣，及赐宴、举哀，悉如旧制。《陈书》卷一·高祖纪：“太平二年（公元557年）正月壬寅，天子朝万国于太极东堂”。同卷：“太平二年十二月丙寅，高祖于太极东堂宴群臣，设金石之乐……”又：“三年六月，故司空周文育之柩至自建昌。壬寅，高祖素服哭于东堂，哀甚”。

四

不仅是也，其时割据偏安之主，若刘元海都平阳时亦有之。事见《晋书》元海子和传，卷一百一·刘和：“相与盟于东堂”。余如前赵刘曜都长安：《晋书》卷一百三·刘曜："权渠既降……曜大悦，宴群臣于东堂"。后赵石勒都襄国：《晋书》卷一百五·石勒："勒下书曰：自今有疑难大事，八座及委丞郎赍诣东堂，诠详平决"。"雷震建德殿端门……勒正服于东堂以问徐光"。石季龙都邺：《晋书》卷一百六·石季龙："收李颜等诘问……既而赦之，引见太武东堂"。"季龙曰：卿且勿言，吾知太子处矣。又议于东堂"。前秦苻坚都长安：《晋书》卷一百十三·苻坚（上）："坚性仁友，与法诀于东堂，恸哀呕血"。"坚以关东地广人殷，思所以镇静之，引其群臣于东堂议之"。卷一百十四·苻坚（下）："车师前部王弥寘、鄯善王休密馱朝于坚。坚赐以朝服，引见西堂"。"坚每日召嘉与道安于外殿，动静咨问之。慕容暐入见东堂"。卷一百二十三·慕容垂："垂惧而东奔，及蓝田，为追骑所获。坚引见东堂"。后秦姚兴因之。《晋书》卷百十七·姚兴（上）："兴每于听政之暇，引龛等于东堂讲论道艺"。"京兆韦华……叛晋奔于兴，兴引见东堂"。"兴……引见群臣于东堂，大议伐魏"。"晋辅国将军袁虔之……奔兴，兴临东堂引见"。卷百十八·姚兴（下）："兴以大臣屡丧，令所司更详临赴之制。所司白兴，依故事东堂发哀"。后燕慕容宝都中山：《晋书》卷一百二十四·慕容宝："魏伐并州……宝引群臣于东堂议之"。慕容盛、慕容云都龙城：《晋书》卷一百二十四·慕容盛："引中书令常忠……于东堂问曰……""盛引见百僚于东堂，考评器艺，超拔者十有二人"。同卷慕容云："云临东堂，幸臣离班、桃仁怀剑执纸而入"。并及北魏。《魏书》卷四十八·高允传："今建国已久，宫室已备。永安前殿足以朝会万国。西堂、温室足以安御圣躬"。卷九十四·王遇传："太极殿及东、西两堂，内、外诸门制度，皆遇监作"。《水经注》卷十三·湿水："太和十六年（公元492年），破太华、安昌诸殿，造太极殿，东、西堂及朝堂……东堂接太和殿。"东魏。《北齐书》卷二·神武纪："五年正月朔，崩于晋阳，时年五十二，秘不发丧。六月壬午，魏帝于东堂举哀三日"。所云五年，指东魏孝静帝武定五年（公元547年）而言。北齐。《北齐书》卷十七·斛律金传："天统三年（公元567年）薨，年八十。世祖举哀西堂"。以上各例无不有东、西堂，足证自曹魏迄于南北朝末季，前后三百余年，东、西堂实为处理政务之常朝、日朝，毫无疑义矣。

五

东、西堂之面积，据前引《晋书》伏滔传，豫宴者几达百人。而《宋书》礼志云，在京二千石以上皆豫会。《梁书》则载侯景之乱时，于子悦屯兵东堂。则其形体之巨，似难附于太极殿之内。惜诸书并言太极二堂，而文义含混，不能证其确否如是耳。惟唐·段成式《酉阳杂俎》卷一，载北使觐谒梁主，委曲详尽，出自目击，足以推求当时殿阁区布之状，乃极可贵之史料。其言如次："北使乘车至阙下入端门。其门上层，题曰：朱明观。次曰：应门，门下有一大画鼓。次曰：太阳门；门左有高楼，悬一大钟。门左、右有朝堂。门内左、右亦有二大画鼓。北使入门，击钟、磬，至马道北悬钟内道西，北立。引其宣城王等数人后入，击磬，道东，北面立。其悬钟东、西厢皆有陛臣。马道南，近道东，有茹昆仑客。道西近道，有高句丽、百济客，及其升殿之官三千许人。位定，梁王从东堂出，云斋在外宿，故不由上阁来。击钟鼓；乘舆；警跸；侍从升东阶，南面幄内坐。坐定，梁诸臣从西门入"。如上所述，东堂若为太极殿之一部，则其内部必联属贯通，无出堂入殿之烦，一也。外臣朝观，国之大典，岂宜一殿之间，出此入彼，形同儿戏，二也。殿宇之宽，阶陛之深，依建筑常规，皆有限度，决难容纳多数侍从、卤簿周旋殿前，三也。基此三因，知其应为各别之建筑，而同纳于一廓之内，故北使得自广庭见梁主乘舆、警跸，从容升降之状也。惟二堂既为朝谒、听政之地，衡以皇帝面南之尊，故知其必非东西向之配殿。考我国元以前之古建筑，大都缭以走廊，形成廊院之制，故愚意梁之宫阙，自太阳门以北，宜有方形或长方形之广庭，周以檐廊，并与太极殿相属。而东、西堂则位于太极殿左右，比列南向，若宋、金二代之朵殿①然。此种方式，或与文献记录及古代宫殿之配置，较为切合耶。

［此文发表于《论文月刊》第四卷（1949年）］

① 见周必大《思陵录》、《楼钥北行日录》，及《东京梦华录》、《汴京遗迹志》等书。

中国之塔

——在中国建筑师学会上的讲演稿

主席、各位先生：

在我今天介绍“中国之塔”以前，首先要向各位申明的，就是这次讲演的内容要作一些减削。因为今天大会所许可的时间，至多不能超过三刻钟，在这样的条件之下，我只有将讲演的内容尽可能地简化。一切问题，只谈结果，而不谈产生这些结果的原因和演变的经过。这种讲法，当然很不合逻辑，同时内容也许过于简略，希望大家能够原谅。

提起塔，我想大家心目中，早已有了一个轮廓。各位以往在国内旅行，一定看见过许多形状不同的塔，或者在城市、在乡村，或者在山巅、在水涯，或者在茫茫大漠、黄沙衰柳之间，构成了不少美丽而雄伟的图画。塔的确是中国建筑中最有魅力的景物之一，也是中国景观的最好象征，值得人们流连赞赏。不过我们如果离开艺术鉴赏，站在历史的立场来说，它可是出乎意外的并非全由中国所创造。这是因为在汉代以前，我们的高层建筑，只有楼、阁、台、阙，而无所谓的塔。文献里面也没有塔这个名称。到后来，印度的佛教经犍陀罗（Gandhara）和西域诸国辗转东传，于是在佛教建筑中占重要位置的塔，才出现在中国。

佛教在何时传入中国？中国的第一座佛塔又建于何时何地？根据《魏书·释老志》所载，后汉明帝因梦见金人，遂派遣博士弟子秦景、蔡愔等往印度求佛法。使者于途中遇沙门摄摩腾、竺法兰携经东来，就迎接他们返回中国。于永平十一年（公元68年）到达洛阳。为此，明帝就在洛阳西门外，建造了一座白马寺。这建寺也许确有其事，但佛教传来中国，当在明帝求法以前，否则梦见金人，何以知其为佛？又何以知此佛生于印度？近来许多学者对此有详细研究，我就不予重复叙述了。至于白马寺内，传说绘有千乘万骑绕塔三匝的图像，但当时寺内曾否营造佛塔，因史无明文，不敢臆断。

至于我国早期佛塔的形状，《释老志》载："凡宫塔制席，犹依天竺旧状而重构之"。可知系完全模仿印度式样。但至少到汉末献帝中平、初平年间（公元189—193年），已有中国传统木架构之木塔出现。如笮融于徐州所建之浮屠祠，亦见于史籍。可惜的是北魏中叶以前的许多重要实例，都已荡为烟雨，只能依靠不完全的文献，知道其中部分情况而已。现在国内所存的佛塔，以北魏正光四年（公元523年）所建的嵩山嵩岳寺塔为最古。从那时起到最近为止，国内现存大大小小的塔——大的约高80米，小的不过1米左右——何止数千。但塔的形范，归纳起来却不过几种。至于如何分类，德国的鲍希曼（Boeschmaum）和日本的伊东忠太，都各有不同的见解。现依我与梁思成先生的意见，则可暂分为五类，就是：

楼阁式塔、单檐塔、密檐塔、喇嘛塔、金刚宝座式塔。

在说明这五种塔以前，应当对印度的窣堵坡（Stupa）佛塔予以简单介绍。谈到它的起源，也不是由佛教所创。它的式样，无疑地是由印度古代吠陀（Veda）时期的坟墓演变而来。今天因为时间有限，只能从佛教成立以后说起。

据说释迦摩尼涅槃后，门徒荼毗遗体，将骨灰舍利建塔保存，是为佛塔的起源。当时的塔，是建在佛寺的中央，信徒环行礼赞，成为信仰对象。所以塔在佛寺中居于最崇高的地位，也是寺内惟一的主要建筑物。但这类印度初期的佛塔，都未有遗物保存下来。现存遗物，以公元前2世纪至前1世纪所建的山基（Sanchi）大塔为最古（图1、2）。这塔内部砖造，外表覆以石片，自下而上，由四部分组合而成。最下为台基，台上建覆钵，平面都是圆形。自此以上，现已残毁，但据阿旃陀（Ajanta）石窟及其他证物，知覆钵之上，还有方形宝匣（梵语为Harmika，有人沿用缅甸

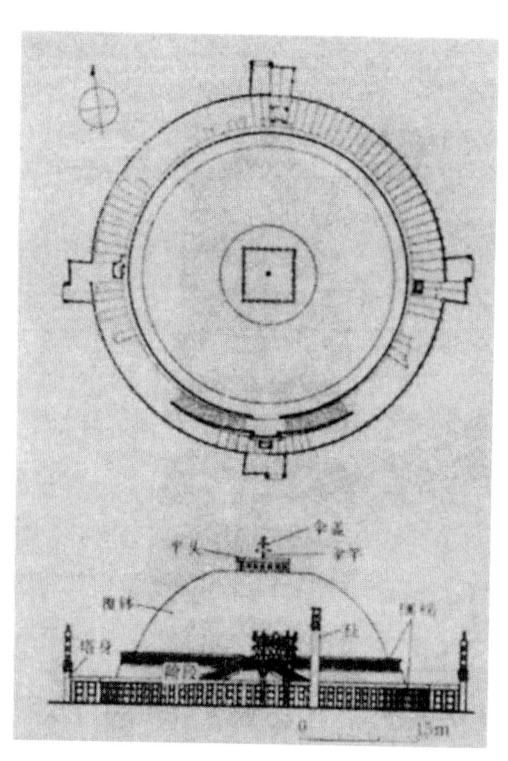

图1　印度山基大塔平立面

图2　印度山基大塔外观

语的Fee或Hti，实误），乃是奉藏舍利的所在。再上建刹杆，杆上饰以相轮（梵语Chhatra，意即伞，为印度贵人用以遮蔽日晒者。建于塔上，表示崇敬之意），其数目自一个到三、四、五、七、九不等。

印度佛塔的式样，也不是没有变迁的。自公元2—3世纪以后，塔下部的台基逐渐增高；或者在台基之上，再加一层较高的圆鼓（drum），全体形制渐趋于瘦长。此圆鼓部分到犍陀罗更趋发达，于是在台基与覆钵之间，增添了一个塔身。它传到中国，就成为单层墓塔的基本式样。此外，在阿旃陀石窟中，有些塔的覆钵上部反较下部稍宽；而公元6世纪以后，相轮的数目已增到十三层。此二者传入印度北部的尼泊尔（Nepal）和我国的西藏，便演变成喇嘛塔的塔肚子和十三天。以上所介绍的，无论是山基大塔，抑或是公元2—3世纪以后所演变的手法，都直接与间接影响了塔的式样，因此不得不循波溯源，略为介绍。其余次要的问题，需要说明的为数也不少，因为时间短促，只得全部割爱。

现在讲一讲中国的佛塔。

一、楼阁式塔

这一类塔，系以我国传统的木架构楼阁式建筑为基本（如见于汉明器中之塔楼），再加印度塔的覆钵与相轮而成。它的平面形状，最初都用正方形。层数有三、五、七、九几种。每层每面都置门窗。各层之间，以屋檐挑出。檐上施平座，绕以栏槛，构成塔身之外廊。到最上一层将塔顶收缩成为攒尖形状，并在顶部建高耸的刹。其结构为在刹柱上装露盘、覆钵、相轮、水烟、宝珠等，而以相轮为主要部分。这样使得木塔的外观，好像穿中国衣服戴印度帽子似的。《后汉书·陶谦传》载汉末中平、初平年间（公元189—193年），笮融在徐州所建之塔，“上累金盘，下为重楼”（按：金盘即铜或镀金之相轮），是文献上最早关于此类塔的记载。然而此种式样为笮融所创，抑在此以前早已成立，现在还不明了。如果确系笮融创造，则汉明帝永平十一年迎来梵佛像以后，约莫经过一百二十年，才有中国传统楼阁式木塔的出现。

自此以后，经南北朝迄于隋、唐，因佛教倡披，风靡全国，王公达官建塔起寺之风气，盛极一时，于是楼阁式木塔数量，大为增加。如《广弘明集》、《洛阳伽蓝记》与《水经注》等书所载南北朝诸刹之塔，十九皆属于此式。史载北魏洛阳永宁寺塔及隋文帝所建舍利塔百余座，亦全为木塔。这段时期是木塔的黄金时代，其声势煊耀，足以笼罩一切。可惜当时的实物，已经全部毁灭，现在我们研究我国早期的木塔，尚需证于日本奈良时期遗物，实在是令人惭愧。但间接形象，尚又得自北朝石窟中的若干石刻（图3—5）。

唐代初期，楼阁式木塔仍然很多，然而砖石塔——尤以砖石结构的

图3 山西大同云冈2号窟塔柱

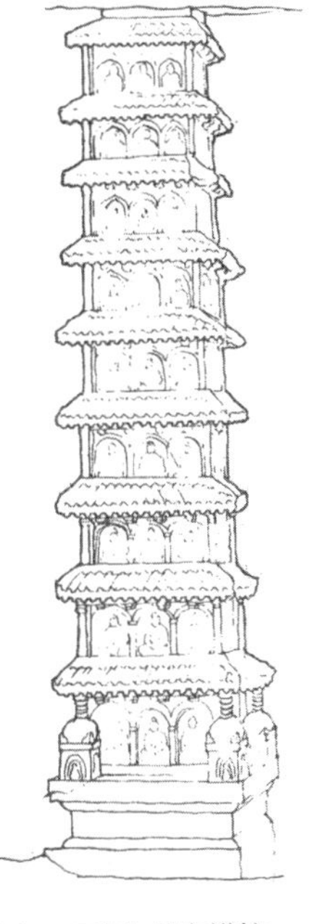

图4 云冈6号窟塔柱

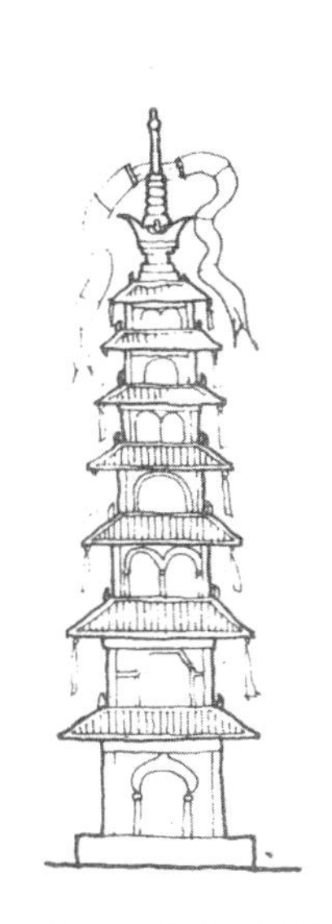

图5 云冈7号窟石刻

密檐塔——渐有喧宾夺主之势。安史之乱以后，木塔已大大减少。到五代、宋、辽时，实物更加寥寥可数。这大概是因为木材缺乏和不易保存的缘故。至于塔的平面，由正方形渐变为八角形，也是在唐、宋之际。如辽清宁二年（公元1056年）所建应州（今山西应县）佛宫寺塔（图6），为今日海内孤例，平面亦属八角形。元、明二代木塔更少。到清代则几乎绝迹。

如上所述，木塔自唐中叶以后虽已减少，但木楼阁式塔系统的砖石塔，自初唐起逐渐发达，足以弥补其稀缺。此种砖石塔大致又可分为两类，现分述于后：

第一类塔

塔身使用砖石及木材之混合结构，实例有河北正定天宁寺塔（图7）、广州六榕寺华塔（图8）。也有全部使用砖石结构的，实例可见河北涿州云居寺智度塔（图9）、浙江杭州闸口白塔等。虽然两者所用的建筑材料略有不同，但它们的出檐、斗拱、平座、门窗等，依然亦步亦趋，模仿木塔式样几无二致。此外，另有出檐较短，檐下斗拱比较简单的塔，如河南开封天清寺繁塔（图10）、山西赵城广胜上寺琉璃塔（图11）、山东长清灵岩寺辟支塔等，数量也很可观。

第二类塔

用砖石砌造的叠涩代替斗拱和出檐，其上无平座与栏杆，但各层比例依旧因袭木塔自下而上的递减方式。如陕西西安慈恩寺大雁塔（图12）、河北定县开元寺料敌塔、山西临汾大云寺琉璃塔（图13）等，都是这类塔的代表作品。但其出现时间应较第一类塔为早。

以上各种砖石塔的平面，在唐代多为正方形；唐末宋初之间，则有六角形、八角形两种；不久就为八角形所统一。以数量而言，此类木塔形式的砖石塔在唐代尚难与密檐塔分庭抗礼。但它们的外观，却比较适合于一般好尚，因此到了五代、北宋，就逐渐取密檐塔而代之。洎乎元、明，造塔之风已成强弩之末，但这种类型的塔在各种佛塔中，仍居领导地位；其分布范围，也较为广泛。

二、单檐塔

单檐塔大多以墓塔形式出现。所谓墓塔，乃僧尼荼毗后藏骨灰的地点，故又称为灰身塔或烧身塔。式样之多，不仅包括楼阁式塔、密檐

图6 山西应县佛宫寺释迦塔

图7 河北正定天宁寺塔

图8 广州六榕寺华塔

图9 河北涿县（房山县）云居寺智度塔

图10　河南开封天清寺繁（pó）塔

图11　山西赵城广胜上寺飞虹塔（亦称“琉璃塔”）

图12　西安慈恩寺大雁塔

图13　山西临汾大云寺琉璃塔

图14 河北磁县南响堂山石刻

图15 河南安阳灵泉寺石刻

图16 山东济南神通寺石刻

塔、喇嘛塔于内，甚至有时连经幢亦在其列。但正宗的墓塔，却是犍陀罗传来的方形单檐塔。

唐以前的单檐塔式样，据山东历城神通寺四门塔及其他摩崖造像所示（图14—16），平面概为方形。塔之立面于最下构简单台基一层；上建塔身；然后以叠涩砌成出檐；檐上饰以山花蕉叶，上覆四角攒尖顶或半球形覆钵；最上置相轮，与犍陀罗塔极相类似。入唐以后，塔下之台基渐变为装饰较多之

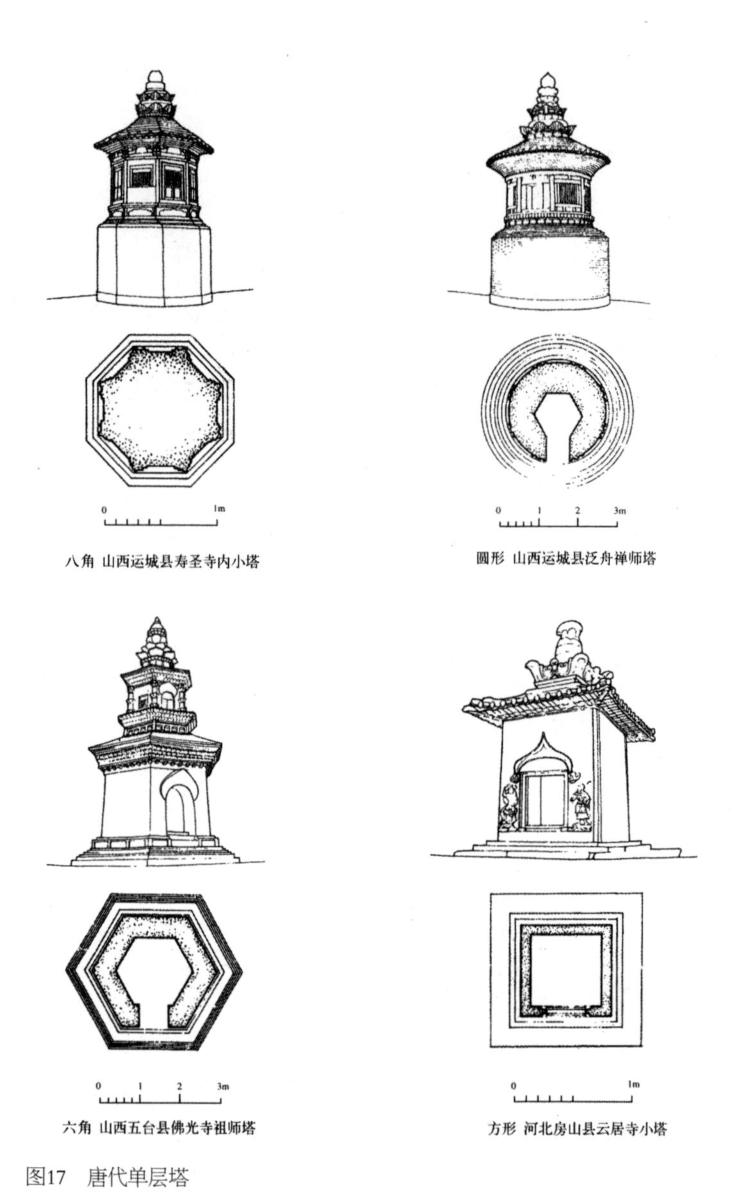
0 1m
八角 山西运城县寿圣寺内小塔
0 1 2 3m
圆形 山西运城县泛舟禅师塔
0 1 2 3m
六角 山西五台县佛光寺祖师塔
0 1m
方形 河北房山县云居寺小塔

图17 唐代单层塔

须弥座；塔身正面辟门，内设小室以安置骨灰；上部之塔顶改为挑出较大的叠涩，或径施中国式屋顶。但如河南登封嵩山会善寺净藏禅师塔（公元764年）采用八角形平面，并在塔身表面隐起门窗、斗拱的则不多见。这种现象到宋、辽时已大为改变，塔身砌出门窗、斗拱等固不待言，其屋顶亦增加到二层或三层，除塔身体积较小以外，几与木塔无所轩轾。此外，平面也有采用六边形或圆形的（图17）。

三、密檐塔

此式塔于台基上建较高之塔身；再上建从密的出檐多层，其层数自三、五、七、九到十一、十三、十五、十六、十八层不等。诸塔檐的外轮廓，常常形成很美观的炮弹形弧线。至顶，则安置较小的塔刹。

这种塔的来源，有两种不同的说法：有人以为是模仿印度佛陀伽耶（Bodh-Gaya）大塔的式样（图26）；但也有人主张它是墓塔的增高，而出檐外轮廓的曲线则是由于采用了相轮的形制。对于前一种说法，因为菩提伽耶大塔的建造年代至今尚未解决（现存之塔曾由缅甸人多次修理，已非原来面目）。我们如果根据该塔的现状，用以判断我国千余年前密檐塔来源问题，实在太不合理。后一说虽然似乎持之有据，言之成理，可是臆测多于实证，确否如此，尚属疑问。

密檐塔的平面，仅北魏嵩岳寺塔一例为十二边形。隋、唐两代，十九皆用正方形（图18）。塔身正面设门，内置方形小室一间，岧峣直上，如空井倒立。其中构桁架与楼板多层，并竖木梯以便升降。五代、宋、辽以来，域内大部之塔，平面多改为八角形（图19—21）。惟云南一隅，及至清末、民国，犹墨守隋、唐旧规，这也许是因为地理环境和交通不便的关系。

所谓八角形密檐塔，系于下部台基表面，镂砌斗拱、栏杆和莲瓣，

图18 河南登封永泰寺塔

图19 南京栖霞寺舍利塔

图20 河北正定临济寺青塔

图21 河南安阳天宁寺塔

以承托塔身。塔身表面则隐起柱枋、门窗、斗拱，上施榱题、飞檐。密檐塔至此，已和墓塔一样华化到了极点。它们的分布范围，大都在北宋的北部和辽的版图之内。而辽塔十九都属此式，称为最盛。流风所被，及于元、明，犹赓续营建。日本人明知它自嵩岳寺塔演变而来，却称之为辽塔或满洲塔，乃出于政治关系的别有用心，不值一笑。

四、喇嘛塔

最下建须弥座两层，平面都是很复杂的亚字形。上置平面为圆形的金刚圈和塔肚子。再上是塔脖子，平面又是亚字形。最后建十三天（相轮）和宝盖、宝珠等。全体形制所保存印度佛塔的成分，较我国任何一种塔为多。

据英国考古学家斯坦因（Aurel Stein）的《西域考古记》（On Ancient Central-Asian Tracks），在黑城子（Khara-Khoto）的城墙上，已有西夏王朝建筑的喇嘛塔。但此种形式的塔大规模输入中国，实在元代初期。因元世祖忽必烈奉喇嘛教为国教，又奉西藏高僧八思巴为国师。后因营建寺塔，向尼泊尔征调工匠。于是尼泊尔派遣十五岁的天才匠师阿尼哥，率领匠人一百五十人来中国。现存北京西城之妙应寺白塔，即为阿尼哥所建。此塔比例匀当，气度雄浑，实为国内首屈一指的此类建筑佳作。但元代后期此式塔之比例已渐有变更，如河南安阳白塔所示（图22）。

明、清两代所建之喇嘛塔为数不少，但比例较之元代者渐趋瘦长（图23—25）。其分布范围，以西藏、青海、蒙古最多，热河、沈阳、北京、绥远、山西、云南次之。在应用方面，墓塔采用这种形式的较为普遍。而形式变化之多，颇难以一一缕举。

图22 河南安阳白塔（元）

图23 山西五台塔院寺塔（明）

图24 北京北海白塔（清）

图25 青海湟中县塔尔寺喇嘛塔（清）

五、金刚宝座式塔

这是在高大的方形或矩形高台上，建塔五座，而中央一塔，体积较大，其余四塔同一尺度，分踞于大塔四隅。塔之形式，可用密檐式塔，亦可用喇嘛塔。

此种五塔合组的方式，可能是受印度佛陀伽耶塔的影响（图26），我国虽于河北房山云居寺南塔（唐）及正定广慧寺华塔（金）（图27）已有先例，但塔下均无高台，故不能属于金刚宝座塔。真正的金刚宝座式塔，应以明成化九年（公元1473年）模仿中印度佛塔式样（即上述佛陀塔）而建的北京大正觉寺（或称五塔寺）为最早（图28）。此外，北京玉泉山（图29）碧云寺、云南昆明官渡、内蒙古呼和浩特慈灯寺等

图26　印度佛陀伽耶大塔（亦称菩提伽耶大塔）

图27　河北正定广慧寺华塔（仅存中央部分）（金）

图28　北京正觉寺金刚宝座塔（明）

处，也有类似的塔存在。但就全国而论，数量甚为稀少，不能和以上四种其他佛塔相提并论。

综上所述，我国的塔绝大部分都属于佛教建筑（仅有小部是出于风水等原因）。自汉代伊始，经六朝、隋、唐，至五代、宋、辽，其式样结构之嬗变演绎，若风起云涌，莫可端倪，实为佛塔艺术的全盛时期。自此以后，则如江河日下，渐就式微。至元、明两代，虽输入了喇嘛塔与金刚宝座塔二种新类型，究竟无补于全面衰落的颓势。任何一种艺术，由萌芽，而发展，在达到极盛后，即逐渐走向衰亡，乃是无法避免的必然规律。不过自己于此得到一点感想，也可以说是一个教训，就是汉、六朝到唐、宋，我国古代的建筑匠师们，一方面自外接受了印度的佛塔建筑艺术，另一方面又不以单纯的模仿为满足。他们将圆形的印度塔改为方形、六角形、八角形（其中也

图29　北京玉泉山金刚宝座塔（唐）

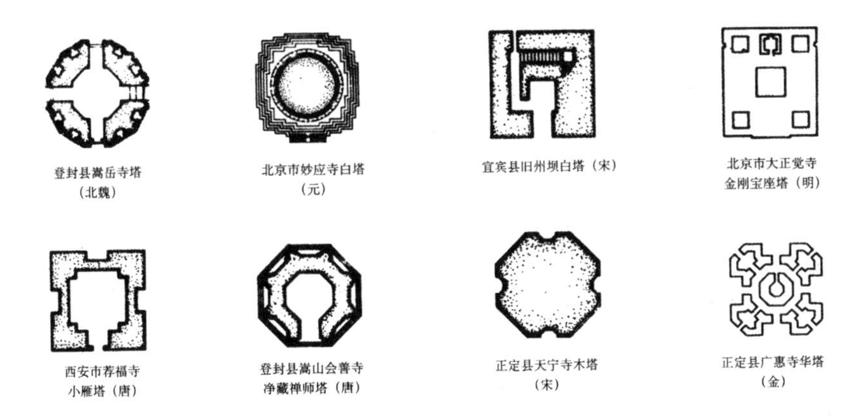

图30 中国佛塔平面的各种形式

尝试了十二角形）等多种形式（图30），同时还以我国在汉代就已出现的传统木梁柱结构系统的多层楼阁为基础，创造了具有我国建筑特色的楼阁式木塔，和仿此木构式样的砖石塔和金属塔，后者如山东济

图31 山东济宁铁塔寺铁塔（宋）

图32 山西五台显通寺铜塔（明）

宁铁塔寺铁塔（图31）及山西五台显通寺铜塔（图32）等等。其后又改变了墓塔和密檐塔的式样，将外来文化融合到中国传统之中。他们以杰出的创造，为我国的建筑文化留下了许多不可磨灭的丰碑，这样的精神，实在值得我们今天的建筑师的瞻仰与崇敬。现在我们又像汉代接受印度佛塔一样，正在接受欧美和世界的新建筑。当然，在短期内不能脱离模仿阶段，是自不待言的事。但在不久的将来，定能产生一种适合我国国情的、新的建筑式样，也是无可置疑的。我想在座的各位，一定不愿放弃这种千载一时的好机会，令使前人专美。古人说“鉴古而知今”。今天我虽是讲古代的佛塔，但不期然联想到我国将来的建筑发展，因此对于本会同人，实是抱有无穷的希望。

[此文发表于《公共工程专刊》第一集（1945年）]

中国的建筑艺术

中国的建筑艺术，为东方建筑文化的独立系统之一。在时间上，至少远在商代中叶，这系统便已经存在。从那时起，它虽长时间为统治阶级而服务，但也是人民大众不可缺少的生活内容。同时又为我国的民族文化留下了许多伟大与精美的作品。这些作品，都是当时劳动人民用智慧和劳力创造出来的宝贵成就。在空间方面，它所流布的范围，不但包括了中国本土，还播及朝鲜、日本和越南等地。现在使用这一建筑系统的人口，约占全世界人口四分之一。这样看来，它不但对本国文化肩负过光辉的使命，就是对世界和全人类的文化，也曾作出了巨大的贡献。

人类最初的建筑，是在极其严酷的自然物质条件下创造出来的。

就是说古代人类，只能利用自然环境所赋予，而为当时他们劳力和工具所能取得的材料，来建造房屋，以抵抗气候的凌砾和野兽的侵袭。但是各民族的自然环境和经济制度、生活方式不尽相同，以致在建筑上，反映为各种不同的结构和外观式样。我们中国古代的文化，主要发生于气候和煦、土壤肥沃的黄河流域。在古代，这一带的森林相当繁茂，所以才产生了以木架为主体的建筑系统。木架既然占据主要地位，一切建筑重量都由它所负担，那么，如何保护木架，就自然成为重要课题之一。因此，在建筑物的下部建筑阶台，以防柱脚腐朽。并在檐柱外面包砌墙壁，以阻隔风雨，并使木架不易走动。不过最初的墙壁，大多是编枝抹泥墙和版筑的土墙，它们都经不起风雨的剥蚀，于是就将屋檐向外挑出，以保护墙面。建筑物愈高大，它的屋檐也就挑出更长。为了承托屋檐起见，又产生了支承它的斜撑和层叠复杂的斗拱。大约到了汉代初期，因为屋檐过长，妨碍了室内光线，于是又发明了将屋面作为略为向上反翘的曲线，这就是文献中称的“反宇向阳”。在四注式屋顶的房屋，因为屋檐向上反翘，它的四角，自然也成为反翘形状，因此产生“甍宇翚飞”的屋顶式样。此外，彩画的产生和发展，也是由于要保护木料而演变成的。以上所有这些结构和外观的特征，再加上均衡对称的布局方法，便形成了中国建筑的特有作风，使它在世界建筑中，琼然独树一帜。

不过中国建筑不是一成不变的。从汉代起，它随着社会经济和文化的发展，曾经做过无数次的改变。但是每次改变，都能把握民族传统文化的精神，同时又能适应客观的不同需要，产生出各种新式样、新作风，也使得建筑的内容，更加丰富而饶有变化。从材料来说，我国建筑既然以木架为主体，而天然木料却一天比一天减少。代替木料的，只有采用砖、石。可是六朝以来许多砖石建筑，却仍然能够保持着我国传统建筑一贯的特征。此外，有些少雨地区因为缺乏木料，所以使用了平屋顶。但是，这些平顶建筑，绝不会令人误认为是今日的西洋建筑，也是一个很好的例证。再拿文化来说，从汉代起，我们的建筑、雕刻、壁画以及各种装饰花纹，不断受到印度和西方各国的影响。其中最显著的，便是佛教中的塔。塔是汉中叶后由印度经西域输入的。在最初的时期内，完全亦步亦趋，抄袭外来的成法。但是我们的匠师们，知道盲目的摹仿，会使技术和艺术走上衰落的道路。唯有以民族传统为基础创造出来的作品，才能为大多数人民所了解、所接受、所欣赏与爱好，也才能够使艺术的生命，能够更长久而活泼地存在下去。因此在汉代末期，便创造出楼阁式的木塔，后来又创造许多木塔系统的砖塔、石塔，为我们留下了许多不可磨灭的杰作，为我国的民族文化放出万丈光芒。这就是二千年来，中国建筑在艺术方面能够维持特殊地位的重要原因。这种精神，如何使它发扬光大，是今天我们建筑工作者和艺术工作者的责任和使命。

[本文首刊于《文物参考资料》第二卷第二期（1951年2月），后为南京新华日报转载（1951年 月 日）。又转刊于日本《国际建筑》1952年12月号。]

中国建筑艺术的继承与革新

（1959年6月1日）

今天我谈的是中国建筑艺术的继承与革新问题，可是继承和革新的范围相当广泛，我体会不深刻，只打算从两个基本论点出发，提些肤浅的看法，请同志们批评指正。

一、基本论点

所谓基本论点是针对这几天大会发言提出来的。虽然都是大家熟知的事情，但我认为有讨论的必要。

（1）整体观点：任何事物都有主要的一面。为了解决问题，我们要找出这个主要方面是完全必要的。不如此，往往为枝节问题所纠缠，陷入轻重倒置的绝境而不自觉。相反地，如果把主要方面绝对化起来，其他次要方面又有被轻视或被排除的危险。例如功能是建筑的基本因素，任何建筑都必须首先满足功能的要求，但如果夸大功能的作用，变成了功能主义，就必然会妨碍它和经济、美观的协调，反而使功能不能发挥它应有的作用。又如材料和结构问题，社会主义进行大量的建设，无疑地必须采用新材料新结构与新的施工方法。但这个“新”不是为新而新，而是为适应事物发展规律的新，否则便会导致脱离现实，不符合今天我国社会主义建设的需要。

就外观来说，我喜欢由建筑自身所表达的简洁、朴素、明朗、愉快，但并不排斥建筑因为某些特殊要求而使用装饰。因为要任何建筑没有一点装饰，恐怕不容易满足设计上极其复杂的要求。内容与形式的结合也是如此。内容是主要的，形式是在内容基础上去创作，才不至于流为形式主义，其他的标准高低问题，近景与远景问题也都如此。

总之，只有从整体看问题，首先找出主要矛盾，同时又考虑与其他部分的协调，才是解决问题的正确办法。

（2）实事求是的观点：在生产力充分发展和分配方式合理解决以前，需要与可能之间总存在着不少矛盾。解决方法一般侧重于可能方面，但我以为从现实出发，总结过去，展望将来，全面考虑需要的项目和程度仍是一件重要事情。建筑艺术的继承与革新便是如此。现在举两个例子说明。

关于需要，大家知道继承遗产必须采取批评的态度，但批评不是由我们开始的。19世纪以来，资本主义国家的建筑师们对封建社会的建筑就不断进行过批评。到19世纪末，以奥国瓦格纳为首的分离派，竟对过去建筑遗产采取绝对扬弃的态度。本世纪20年代，更是变本加厉，竟然与抽象艺术相结合，演变为光怪陆离的近代建筑式样。可是事实上人类历史是无法割断的。一切文化随着社会发展总是在继承与革新中不断向前推进，而革新是它的主要一面。只要我们研究一下人类文化的发展过程，就不难认识这个客观规律是颠扑不破的真理。因此，仅继承，不革新，必然使文化陷于停滞不前；相反地，仅革新，不继承，也会使文化发展受到不应有的损失。这就使我们对于过去的文化遗产，必须实事求是地依据具体情况，予以分析和批判，抛弃其落后与腐朽的内容，吸取和发展其健康有用的成分，以为今天的需要服务。这就是我们对待传统文化的基本态度，也是唯物主义和唯心主义以及虚无主义根本不同的地方。

党的“适用、经济、在可能条件下注意美观”的方针是对可能方面再恰当没有的指导原则。大家已经谈过，适用是功能问题，美观是艺术加工问题，而这二者都只能在经济许可范围内才有逐步提高的可能。可是目前我国的物质条件，不可能无限制地满足这两方面的要求。根据物质是第一性、精神是第二性的原则，显然适用应该是主，美观应该是从。主从之分就是先后缓急之分。由此可见党的方针是根据当前国民经济的具体情况，辩证地处理适用、经济和美观三者间的相互关系。它的主要精神，不外“全盘考虑、重点处理、适当照顾”十二个字。不但今天社会主义建筑创作应该遵循这个方针，就是将来进入共产主义以后，也不是短期间内所能摒弃的。

总的来说，建筑是文化的一个部门，而文化必须为经济、政治服务，所以我们不能离开经济、政治而空谈建筑艺术的继承与革新。所谓整体和实事求是的观点，都从这个基本需要来考虑的。因此，我们必须首先政治挂帅，然后一切工作才不致迷失方向，走入歧途。

二、为什么要继承

一般来说，文化的发展，在不同程度上曾受过自然条件和各民族特有气质的影响，久而久之，在语言、文字、科学、艺术和生活习惯方面形成了若干其他民族所未有的特点。当然，在悠久的历史发展过程中，各民族之间都发生过文化交流关系。但除了少数例外，各民族基本上仍保持其原来作风，继续不断地向前推进。因而世界上没有一个民族，对自己的传统文化不具有深厚的感情。也没有一个民族，不以自己的文化作为一种特有标志而引为骄傲，这就是人们常说的民族自尊心。不过文化是一个总名称，包含的部门相当多。其中一部分由于过去为统治阶级服务，具有浓厚的阶级色彩，当社会基础改变后，它们已不适合新社会的需要，必须根本废除。但另外一些文化，只要加以适当改造，仍然成为有用的东西，甚至能鼓舞人们对新事物发生一定程度的积极性。所以当新、旧社会交替的时候，我们对传统文化不能采取一脚踢翻的粗暴态度，而应分析不同文化内容的性质和作用，以作出不同的处理，这就产生了继承与革新的问题，建筑艺术即为其中之一。

不过建筑不同于绘画、雕刻、戏曲、音乐和舞蹈，它应当满足社会在生产和生活方面的物质要求与精神要求。所谓物质要求，主要指建筑的功能和有关的材料、结构，而精神要求是指建筑形象所造成的艺术效果。由于物质与精神之间存在着若干矛盾，引起继承与革新的争论，长期以来未得到解决。以下是两方面的主要论点：

从物质方面来说，随着社会发展，人们的生活方式不但逐步改变，而且日趋复杂，以致传统建筑的平面布局已无法适应今日生活的需要。而在生产方面，过去没有工业建筑，因此根本无从承继。其次，我国建筑的传统式样主要系根据木构架而产生，可是目前建筑的材料和结构正在改变，如果以新材料、新结构配合旧式样，除了形式与内容不能统一以外，还造成经济上的浪费。再次，社会主义建设要求数量多，速度快，而传统建筑的形体、色调和装饰都过于复杂，妨碍大规模建设的进展。因此有不少的人怀疑继承遗产有无必要。

从精神方面看继承问题，又有如下几种论调：第一，中国建筑经过长期间发展，与人们生活发生密切关联，人们对它抱有浓厚的感情。而它在世界建筑中，又具有独树一帜的风格，内容极其丰富，是人类建筑文化宝库的重要组成之一。如果不予继承，不但违背我国人民的感情和爱好，对民族传统文化也将造成莫大损失。第二，作为表达思想工具之一的建筑艺术，对人民起着一定的宣传教育作用，因而在建筑方面，应该在传统的基础上创造一种新风格，以表达中国人民在推翻半封建半殖民地制度以后，进而建设社会主义新中国的伟大成就和豪迈气概。首都国庆工程都采用民族风格就是这个意义。第三，中国是一个多民族的国家，团结兄弟民族是当前政治任务之一。因此，必须发展各民族和各地区的建筑风格，例如在拉萨建筑房屋应该考虑如何运用藏族的传统式样。

以上两方的论调，虽然相互对立，矛盾很大，但问题不在矛盾大小，而是采取什么方法去解决矛盾。我以为只有从经济、政治、文化等方面全面考虑，先决定今后建筑创作的方向，再根据具体情况，予以辩证处理，矛盾不是不可以统一的。

很显然，我国社会主义建设的规模很大，建筑的种类和数量又很多，不可能采取任何统一的式样，因此“百花齐放”是建筑创作方面惟一的正确方针。例如工业建筑应以满足生产功能为主，并与材料、结构合理结合，来决定它的形式，不必勉强采取传统式样。可是居住建筑、公共建筑与城市街景、绿化方式等，就须以国民经济的发展情况和建筑本身的性质与功能为基础，结合新材料、新结构，适当地创造新的民族风格，为人们的精神需要而服务。其中纪念性建筑应具有较高度的传统风格，其他建筑可暂时在数量上与造价上予以限制，以免产生华而不实的流弊。将来随着物质条件的增长及技术的改进，再逐步使其推广和提高。如是，既可满足国家大规模建设的要求，同时传统建筑艺术可与功能、材料、结构相结合，以新的姿态出现，为今后的政治、文化发挥其应有的教育作用。所以我们说：传统建筑的继承与革新不仅是需要，而且在一定时间内应使其发展下去。

三、继承些什么

这方面大家谈得很多，我再补充几点意见。第一，在平面布局和造型方面，仅仅是个体建筑的平面就有三十多种，屋顶的基本式样也有十多种，这些平面和屋顶组合起来，变化就更多了。至于单体建筑的平面和立面大体可归纳为三种方式：就是对称的、部分对称与部分不对称，和完全不对称的。其中第一种数量最多。例如北京故宫和旧时的许多官衙、寺观。第二种也有相当多的例子，如热河外八庙中的六座大庙与南京的明孝陵都是结合地形的绝妙处理。完全不对称的例子在南方更多，如镇江金山寺、苏州云岩寺（虎丘），都采取完全不对称的方式，从平面布局与高低起伏的轮廓到每座建筑的比例，皆有其匠心独到之处。至于园林方面，几乎都是不对称的。这种布局是中国园林的特征，值得发展，如对景、借景、对比等原则便可应用到新设计中去。还有农村的绿化手法，结合了实用和美观，有很多很好经验值得介绍。总的来说，我们的祖先曾经合理地结合功能与地形，创造不同的外观，表现不同建筑所需要的风格，应该予以继承和发扬。

第二，就气候方面来说，我国幅员广大，从南方的亚热带到北方的亚寒带，各地气候大不相同。就是在同一纬度上，因为地形关系，气候也相差很大，因此在建筑上就反映了各种不同的处理手法。例如四川成都是一座自秦末沿用至今的城市，因为夏季多西南风，所以主要街道采取西南方向。在浙江我们调查了七八十个村镇。为了夏季迎接从东南方向吹来的季候风，有75%村镇的主要街道采取东南向。而昆明的乡村住宅极少朝南，是由于日照角度的关系，因此房屋的方向不是朝东南就是朝西南。至于气候对房屋结构的影响更难一一列举。最显著的如广东、广西、云南、贵州等省少数民族的房屋底下用空透的“干阑”式结构，这和马来亚、越南、缅甸一样，都是由于气候十分潮湿的关系。广州夏季多暴雨，而且日光强烈，所以人行道上建造骑楼。此外，如外墙的厚薄，窗户的位置与大小、数量等等都可对今天的创作给予若干启示。如去冬我参加江苏省吴江县的人民公社工作，发现农村的房屋前建有敞厅，而其南面不设门窗。问老乡才知道当地夏天太热，其间有三四周不能安睡，所以需要开敞的厅屋。由此进而调查当地的气候记录，发现夏季相对湿度竟达99%。因为吴江位于太湖之滨，县内面积46%是水面，夏天水受蒸发，水蒸气特别多。这样，我们在设计新住宅时就采取了外走廊。由此可见，在遗产中找出有用的经验，对今天的设计不是没有帮助的。

第三，就地取材和因地制宜方面，如北方麦秆抹泥屋顶就能解决当地材料缺乏的困难问题。四川与福建的夯土墙房屋能达四五层的高度，而新疆用土坯砖建造筒券形房顶，都给我们以很好的启示。再如上海松江一带的农村建筑，在木架周围用很薄的砖墙，外面再用竹子做篱笆保护，也是很经济就地取材办法。总之，对于传统建筑，如果进行普查，从原则至手法，都可学到不少有用的经验。

四、如何继承—革新问题

最重要的是应当用什么态度对待革新问题，其次才是用什么方法去革新。

态度问题也是思想问题。过去有人认为对传统建筑应该全部接受，这是把继承与革新混淆起来的复古主义，曾经受到批判不必再提。现在又有人认为只接受原则，不须接受具体方法。这种看法有其一定理由。因为传统建筑中有不少具体手法，不符合今天材料结构与施工条件，不能生硬搬用是完全正确的。不过在另一方面，如果只吸收若干原则，不吸收一点具体手法，那么，新的民族风格就很空洞，所谓继承只是徒托空言而已。我认为原则固然要批判接受，具体手法也要批判接受。有些具体手法，不但要从我国传统建筑中汲取，就是从国外的类似事例，也可以考虑吸收。例如四合院平面虽不适合今天功能的要求，但在特殊地形与特殊用途上仍然可以尝试。如缅甸仰光飞机场休息室外面的小四合院，结合绿化，处理得相当灵巧，就是一个很好例子。其次，屋顶与门窗栏杆式样经过简化以后，与新材料新技术相结合，也可能形成一种新风格。如日本十年来就有不少例子，证明可以做到这点。所以我们今天必须在继承方面先做一些研究工作，然后在创作方面，结合技术作进一步的实践。

其次，方法上总得先有个统一的概念。这已有“适用、经济、在可能条件下注意美观”的方针作为依据。根据这一方针的指示，我们必须在国家经济所许可的条件下来做“百花齐放”的革新工作，特别是在式样方面不能有所拘束。同时为了尽快创造出民族风格，必须走群众路线，只有通过大家动手，才能在短时间内创造出新风格来。结构方面除了采用新结构、新材料以外，也可用土洋结合的办法，促进各地区建筑的发展。

关于发展各地区建筑，我想补充二点意见：

（1）除大力搞新创作以外，改造旧建筑也是十分必要的。如苏州、徽州等中、小城市与其他富裕地区的农村，有不少材料很好的旧建筑，如果适当地改造一下，不难适合今天的用途，并可利用这个机会，对创造建筑的新风格做些试尝工作。去冬南京工学院建筑系曾在苏州洞庭东山利用一部分旧建筑和若干旧材料，设计了当地的人民公社，费用很经济，所需时间也很短，可以解决当前农村中的需要问题。虽然尚未动工，但这种方法值得一试。

（2）发展地方建筑，当然必须配合原有式样和风格。但帝国主义经营的上海、青岛、大连、哈尔滨及天津、汉口等处的租界却是例外。以上海为例，过去百年内经英、法帝国主义的侵略与剥削，留下了不少外国式样的建筑。目前中国人民在共产党的领导下彻底肃清帝国主义的势力已经十年了，为了表现伟大的革命变革，今后必须建造大批新民族风格的建筑，才能对内、外起宣传教育作用。我们在事实上已经如此做了，如人民公园周围都是西式高楼大厦，而公园本身是中国式的。又如人民广场的观礼台，也是民族风格。这种作风，应该继续发展下去。

总的来说，要发展新中国的建筑艺术，继承和革新都很重要。主要关键还是认识问题，其次是革新中的具体方法问题。不过我们如果仅停留在概念上的讨论，问题将永远不能解决。只有在正确的思想基础上，通过具体实践，才能得到比较一致的看法。如是反复循环，不断推进，我相信我国的建筑艺术一定可以得到健康的发展。

（本文是作者在建筑工程部和中国建筑学会于1959年联合召开的“住宅标准及建筑艺术座谈会”上的发言。由王世仁先生提供。）

中国古代建筑营造之特点与嬗变

一、序说

中国建筑至今已有五千余年之辉煌历史，其得以长久存在，并跻身于世界著名建筑体系之林，乃基于我国所具有之特殊自然条件与社会背景。再经历代建筑哲匠名师之长期实践与创造，不断吸取国内、外建筑精华，推陈出新，方形成如此丰富多彩与独树一格之建筑文化。在这方面之学界论述甚多，拙作如《中国古代建筑史》等，亦曾予以阐叙，故于此不另赘言。本篇之内容，乃仅就我国古代建筑传统形式与结构、构造之特点与演变，作一简要之综述。

（一）中国古代建筑之分类

我国古代建筑，可按其用途、结构、材料、平面及外观等方面，予以区别。

1. 建筑用途

我国古代建筑就其使用范围，大体可划分为官式建筑与民间建筑两大类。若依建筑群体之功能，则有宫殿、坛庙、陵墓、官署、园苑、寺观、住宅、店肆、作坊、仓廪、祠堂等等。再就单体建筑而言，又有门、殿、堂、寝、楼、阁、亭、榭、廊、庑、台、坛、塔、幢……多种。

2. 建筑之材料及结构

依我国传统建筑所使用之材料，不外有土、石、陶、木、竹、茅草、金属、天然矿物染料及植物之提炼（如漆、桐油）。而结构之类型，亦因材料而定，如木建筑、砖石建筑、土建筑等。另由结构之方式，如木建筑中，可区别为抬梁、穿斗、干阑、井干。砖石建筑则有拱券、穹窿、空斗、空心砖、板梁等。土建筑有窑洞、夯土、土坯砖等。其中以木结构之抬梁形式，是为我国古代建筑之结构主流。

总的说来，建筑的材料决定了建筑的结构，而建筑的结构，又决定着建筑的平面与外观。

3. 建筑平面

我国之木架建筑，系以“间”为平面之基本构成单元，并以此构成建筑物之单体与群体。其运用十分灵活，可组成方、矩形、圆、曲尺、冂形、工字、王字、田字、卍字、三角、五角、六角、八角、扇形等多种平面。在宫殿、坛庙、官署、寺观和住宅中，建筑平面大多采用矩形（图1）。前述平面形状之较复杂者，通常仅应用于苑囿、园林中之观赏游息建筑。此外，就建筑群体之总平面布置，可区分为规则与不规则二

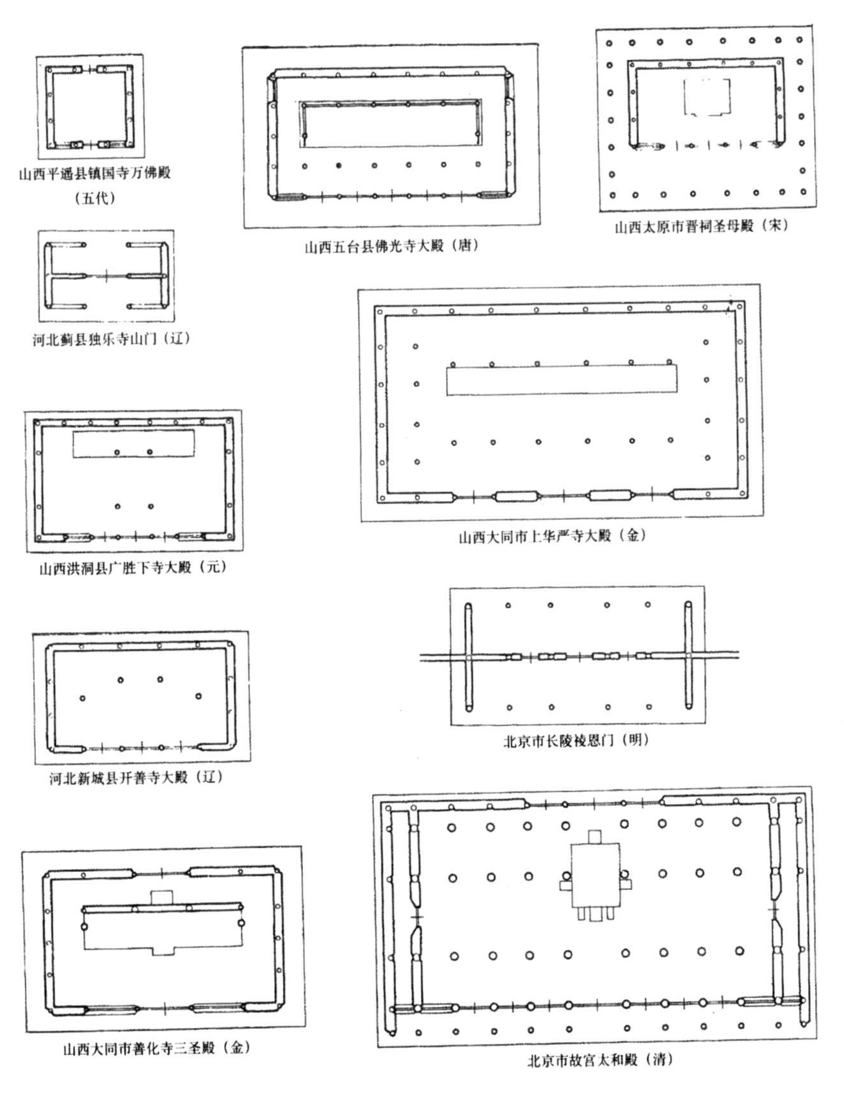

图1 中国古代官式建筑单体平面举例

类。前者常有明显轴线，依轴线顺序排列各主、次建筑，并形成若干层次之矩形庭院，整个布局主、次分明，井然有序。这是中华民族长期受礼制思想影响及注重均衡美的结果，并大量表现在官式建筑及民间多数宅邸与祠堂等建筑中。后者除皇家苑囿之朝廷部分以外，为园林设计所广泛采用，其特点为能够最佳配合园中景物并形成最多的空间及景观变化。

4. 建筑外观

我国传统建筑单体之外观大体可分为台基、屋身及屋顶三部分（图3）。其形成均出于实际之需要，尔后在发展过程中产生了许多特点和变化，内中尤以屋顶之表现最为突出，从而成为识别我国古建筑之重要标志之一。常见的屋顶类型有庑殿（宋名“四阿顶”）、歇山（“九脊殿”）、悬山（“不厦两头”）、硬山、卷棚、盝顶、攒尖（“斗尖”）、囤顶、平顶、单坡、盔顶、抱厦（“龟头屋”）、副阶、腰檐（“缠腰”）、拱券、穹窿等（图2）。此外，又有单檐与重檐之分，以及由若干不同屋顶所组成之综合形体。

（二）中国古代建筑结构之形成与演变

结构为中国建筑之根本，平面和立面不过是结构的反映。一部中国建筑史，可谓大体上是其结构之变迁史。

中国原始社会后期之半穴居与地面建筑，已使用稍予加工之天然木植构作简陋之建筑骨架，是为后代抬梁式木架构（图5）之嚆矢。由河南安阳小屯殷墟遗址之发掘，可知当时已有较高水平之木屋架，但其最大跨度尚未超过六米，而檐柱间距约在三米左右。众所周知，中国建筑较早之木结构形式尚有干阑式与井干式二种，另穿斗式（图6）出现则可能稍迟。但结构之主流，仍非抬梁式木构架而莫属，此乃与其本身具有之种种优点有关，故得以风行数千年而不衰。且日后出现的其他结构类型建筑，其平面与外观，亦有模仿木建者。如砖石所构之例，可谓比比皆

图2　中国传统建筑屋顶形式

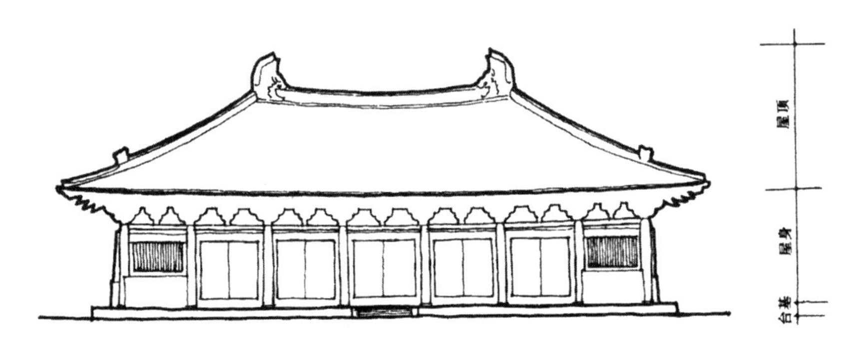

图3　中国古代建筑立面形式之划分

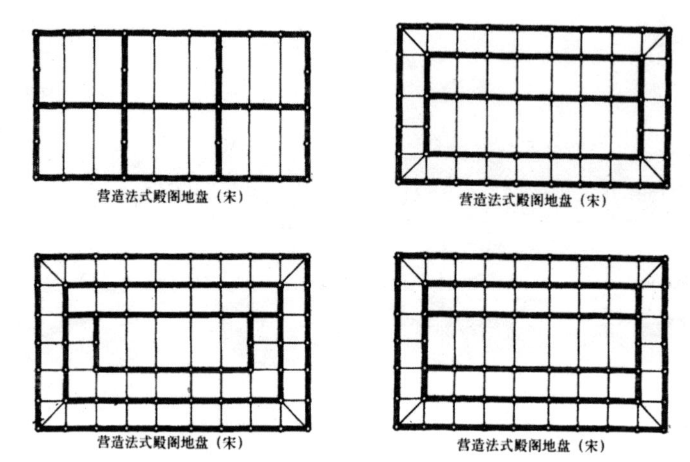

图4　宋《营造法式》殿阁平面

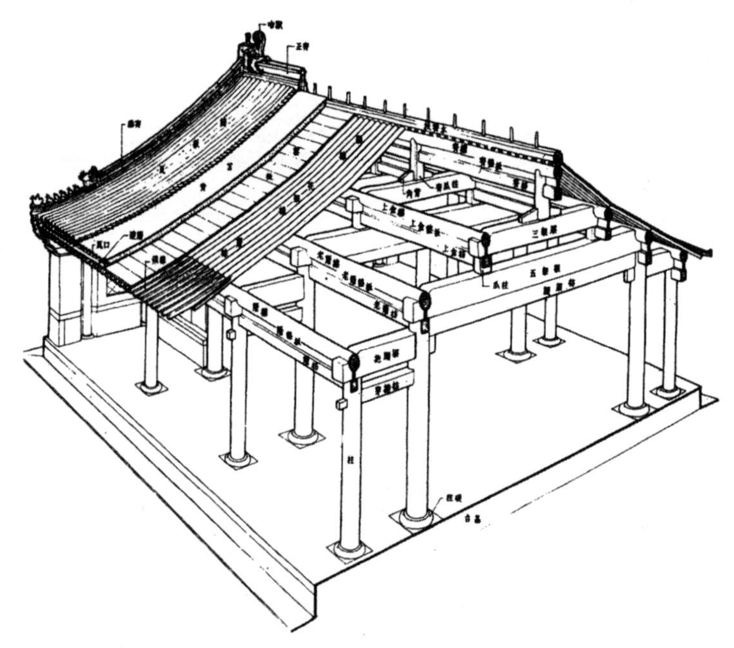

图5　中国建筑抬梁式木构架——清式七檩硬山大木小式

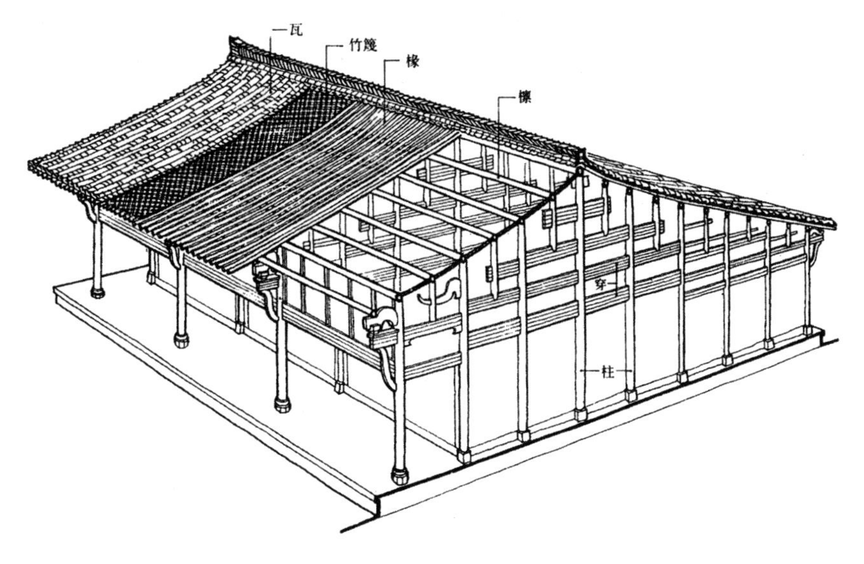

图6　中国建筑穿斗式木构架

是。木架建筑至汉代已基本定型，今日所见大量汉代明器，其建筑多有表明柱、梁木构架之刻画。而南北朝石窟中以石仿木建之形象，亦可证明其时木建筑结构之发达。今日所存最早木构建筑实物，为山西五台建于唐代之南禅寺大殿与佛光寺大殿，就前者梁架之简洁，与后者草栿、明栿之并用以及斗拱之配置，俱为木架构成熟之明证。及两宋之世，木结构之发展已臻顶点而开始转折，《营造法式》就是对以往建筑活动的一次大总结。金、元时为改变建筑内部空间，采用了某些不规则梁架，导致结构上许多变化和不少并非成功的例子。因此明、清又重依旧法，采用正规梁架，除南方民间建筑有若干例外，总的显得拘谨与呆板。至于木构之高层建筑，汉时已多有所建。就其结构而言，既有依靠外围护结构承重者，如西汉武帝建于长安上林苑之井干楼。又有采用木梁柱架构之形式，例如四川出土东汉画像砖之住宅塔楼。其他熟知之汉代多层

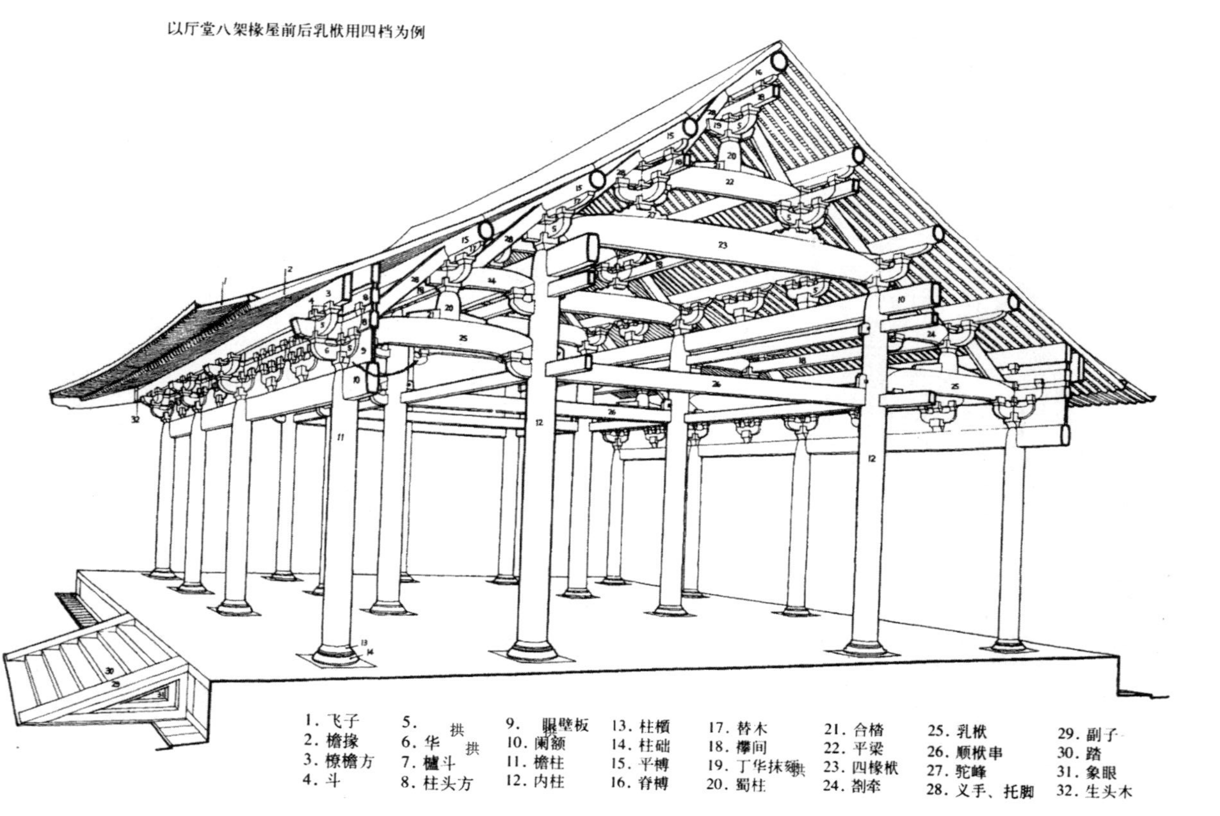

图7　宋《营造法式》大木作制度示意图

建筑，若明器中陶楼、水阁，画像砖石所绘楼堂，以及《汉书》陶谦传中有关浮屠祠之记载等，皆属此类结构。其中尤以楼阁式佛塔，于后代更有所影响与发展。文献所载北魏洛阳永宁寺塔，即为最宏巨之例。而云冈诸窟中所雕刻之多座楼阁式塔，外观俱为仿木建筑形式，亦可作为殷证。就今日所见，隋、唐以前遗留砖、石塔极少，当可推测其时木塔应占统治地位。现存我国最早之木塔实物，为建于辽清宁二年（公元1056年）之山西应县佛宫寺释迦塔。上下几乎全部采用木构，估计所用木材当在二千立方米以上。此塔高67.31米，底径30米，其高度、体积与斗拱数量均为海内第一。又于各层间施结构暗层，方式与河北蓟县辽建之独乐寺观音阁同出一辙，对强化塔体之刚度，起着决定性作用。该塔在建成后之九百余年内，虽屡遭地震与兵灾之破坏，犹能巍然耸立而未有大损，不可不谓上述结构之成功，亦足可誉为一时之杰作。然木构建筑不戒于火与易罹虫害及潮湿，乃其根本之缺陷。且高层木架结构复杂与用材过多，亦众所周知之事。是以在木材逐渐匮乏之际，不得不以砖、石等塑性材料予以取代。是以两宋以后，高层之建筑若塔，鲜有以木营构者。

我国砖、石建筑之出现，为期并不太晚。战国已有空心砖墓，而发券及穹窿亦盛于东汉墓中并迄至唐、宋，但应用于地面者甚少。若北魏郦道元《水经注》关于券桥之叙述。又隋代名匠李春于河北赵县所建之安济桥，采用矢径达37米之石构单弧拱券，并在桥肩辟小券各二，以利泻洪并减轻桥头重量，可称一举数得之杰作。而举世闻名之万里长城，其雄伟壮观形象，已成为中华民族之象征。虽目前所见之城垣、台堡大多建于明代，然就其工程之艰巨与使用工料之繁重，亦可属世界古建筑之首流。又明代出现之无梁殿，为全由砖石砌筑而未施一木者。虽数量不多，然于我国建筑中已独辟蹊径，表明此项结构不仅使用于陵墓、城门、碑亭，且已进入若皇室斋宫、御库及佛殿之高级建筑领域矣。

（三）中国古代建筑平面之演绎

我国新石器末期之先民建筑，若西安半坡之半地下式穴居，平面已采用圆形或近于方之矩形，室中置柱之数量及位置已有若干定则。其后建于地面之木构架建筑逐渐发展，并出现具有较整齐之柱网，例如河南安阳小屯之晚商宫室遗址中所见。内中之夯土基台，有长达二十余米者，且建筑正面开间常呈偶数。此种现象出现之原因及始于何时，目前尚不明了[①]。但依汉代画像石、明器、墓葬及现存之惟一石建筑——山东肥城孝堂山石祠等资料，知上述制式，多用于祭堂及墓室。其他各种类型建筑，仍以奇数开间为主。尔后由北朝诸石窟窟廊、北魏宁懋石室、北齐义慈惠石柱上小殿，唐大明宫诸殿遗址及大雁塔门楣石刻与敦煌壁画等文物所示，均表明建筑正面使用奇数开间，已成为不移之定制。至于各间之面阔，由汉明器及画像石中之三开间建筑形象，知其当心间跨度已显然广于次间。但超过三间之建筑所见甚少，故次间以下是否仍依此法，今日尚难作出决断。此种当心间较阔之制式，于北魏之宁懋石室亦复如此。但云冈21号窟之五开间塔心柱及麦积山4号窟之七开间外廊，各间面阔似乎相等。稍晚之天龙山北齐16号窟，其三间窟檐之当心、次间复有较大差别。可知在南北朝时期，开间增减之制度尚未臻于统一。又唐长安大明宫含元殿为当时大朝所在，通面阔十一间而未有出其右者，然其中央九间等广，仅两端尽间稍窄。山西五台佛光寺大殿面阔七间，亦中央五间等距为5.04米，而两端尽间减为4.40米。现知自当心间向

---

① ［整理者注］：第一，由河南偃师二里头1号宫室遗址，知其主殿堂面阔八间，表明偶数面阔之制至少在夏代末期已被使用。

第二，其后位于陕西岐山县凤雏村之先周大型建筑之厅堂面阔六间，故知此制至商末仍被沿用。

第三，另发现于扶风县陈召村之西周中期建筑遗址群，其建筑面阔有用偶数者（F8），亦有奇数者（F3、F5）。

两侧递减之制，至迟已行于北宋，例见山西太原晋祠圣母殿。而明、清时更成为普周天下之建筑通则。

关于柱网之排列，宋《营造法式》有“金厢斗底槽”、“分心槽”、“单槽”、“双槽”之分（图4）。而实际之使用早见于唐、辽，如五台佛光寺大殿、蓟县独乐寺观音阁及山门等。至于为扩大建筑内部某处空间而采用的“减柱造”和“移柱造”，似始于北宋[①]而盛乎金、元。著名之例，如山西太原晋祠圣母殿、五台佛光寺文殊殿、芮城永乐宫三清殿等。降及明、清，其于官式与民间建筑中，仍有若干实例可循。如山东曲阜孔庙奎文阁、安徽歙县明代祠堂、河北易县清西陵泰陵与昌陵之隆恩殿等。“满堂柱”式平面之例首见于唐长安大明宫麟德殿，其后南宋平江府（今苏州）玄妙观三清殿亦作如是部署。

某些建筑之平面，系由若干单体平面组合而成，一般以中央之建筑为主体，周旁之建筑为附属。山东沂南汉墓出土之画像石中，就有以小屋（宋称“龟头屋”）附于堂后者。河北正定隆兴寺之摩尼殿建于北宋，其四壁中央各建抱厦一区，形制甚为特异。而唐长安大明宫中之麟德殿，则由前、中、后三殿依进深方向毗连而成。宋画《黄鹤楼》、《滕王阁》中建筑亦皆为多座组合者，形体更为复杂。若干明、清佛寺于大殿前另建一拜殿，亦属此种组合方式。宋、金、元之际，其宫室、坛庙、民居建筑，常于前、后二殿堂间建一过殿以为联系，因其组合之平面与工字相仿，故有斯名。

（四）中国古代建筑外观之特点

建筑之外观与本身之结构类型，使用材料、构造方式以及功能要求有密切联系。又受自然地形、气候等条件之制约。此外，还为社会之生

① ［整理者注］：陕西扶风县陈召村西周建筑遗址中之F8，已有“移柱”迹象。但作者为此文时，上述资料均未发现。

产力与生产关系、文化水平、民族习俗等因素所左右。

在远古时期，我们的祖先野处于大自然中，以棲居树上或寻找天然洞穴作为住所，此时可谓几无建筑可言。后来在仰韶——龙山文化中出现的半穴居与地面建筑（以西安半坡原始聚落为代表），外观仍极简单。夏、商之世，虽宫室、宗庙亦皆为“茅茨土阶”之朴素形象，其余乡宅民居当可想象。周代建筑有较大发展，特别是春秋、战国之际，各国诸侯竞相构筑宫室台榭，其遗址与建筑形象至今尚有若干留存者。由河北易县燕下都之高台遗基与战国铜器上之纹刻，即可窥其一斑。而陶质瓦、砖之出现与铜铸件之应用，并使建筑面目大为改观。例如屋面铺瓦，则屋顶之防水效能大大提高，坡度因此降低，房屋比例及外观亦为之变更。但建筑结构与构造也由此得到长足的改进和发展。又若施于柱、枋之金釭，不但加强了构造接点的稳固，而且还起着重要的装饰作用，其形象后来又成为官式彩画中突出的图案之一。我国古来席地而坐和使用床榻习惯，至隋、唐、五代仍很盛行。但垂足而坐的形式，已逐渐有所发展。室内家具也出现了长桌、方桌、长凳、扶手椅、靠背椅等异于周、汉的新类型，如五代顾闳中《韩熙载夜宴图》所示。及至两宋，席地之制已完全不用，而家具之高足者尽占优势，如此则不可能不影响到室内空间增高，从而使建筑的外观与比例亦受到影响。唐、宋建筑因采用“生起”和“侧脚”，产生了檐口呈缓和上升曲线的优美感和墙、柱稍呈倾斜的稳固感。这与明、清大多数官式建筑外观的平直僵硬，形成极为鲜明的对比。此外，官式建筑与民间建筑、北方建筑与南方建筑以及各民族地方建筑之间，都存在着相当显著的差异。内中许多特点，都是因为结构与构造的不同而形成的，例如骑楼、马头墙、脊头、屋角等等。

贯穿中国社会历史的礼制宗法思想，亦表现于建筑的外观之中。例如台座的高低、层数与装饰，斗拱出跳的多少，柱、墙及屋面铺材之色彩，屋顶的形式，彩画的构图等等，无不有其寓意。因此，在中国古代社会中，建筑（特别是官式建筑）又是统治阶级炫耀其特殊权力与地位的重要工具。

此外，若干建筑局部构件的变化，如梭柱之采用、斗拱尺度及组合等，亦对建筑之外观产生一定影响。

二、台基

（一）台基

在仰韶时期的半穴居或地面建筑中，尚未发现显著之台基形式。它后来产生的原因，乃在于防止潮湿，从而使人们保有一个较舒适之室内生活条件，并减少大自然对由土壤、木材所构成的人类建筑的损害。及至后来，才发展成为建筑立面所不可缺少的内容之一。是以《墨子》始有“高足以避湿润”之语。河南安阳小屯的商殷宫室，其台基均系土筑，并在表面予以烧烤及打磨。周代台基使用之材料，大体仍为夯土版筑，但事实上，恐已采用了砖与石材。此时台基与阶级等级与礼制已产生联系，如《礼记》中载：“天子之堂九尺，诸侯七尺，大夫五尺，士三尺”。但台基为一层或多层，则未述及。由于当时木架构尚未能解决高层建筑之结构问题，故于建筑之下构高台以弥补其高度之不足，所谓台榭建筑，遂由此产生。据记载，夏桀曾囚成汤于阳翟之钧台，它是否为专门之监狱，或系借用夏王之离宫别馆，则目前无可考。又商之末帝辛（即纣王）亦建鹿台于朝歌以贮钱贝，兴沙丘之苑台用作离宫，皆为有关台之最早史录。以后，西周文王建灵沼、灵台，依史载，该台系在囿中而不在宫内。与尔后春秋、战国之际，各国诸侯竞建宫室于高台上之情况又有所不同。如今燕下都与鲁故城遗址中，尚遗有高台残迹多处可为殷证。秦、汉宫殿亦多建于高大台基之上，此制至东汉才逐渐衰落。而其后曹魏邺城之铜雀、金虎、冰井三台，系利用城墙再予加筑者，其上楼阁巍峨，台间复联以阁道，亦一时之壮观。尔后唐太宗于长安西北建大明宫，其正衙含元殿亦矗立于高基之上。自此以降，台榭建筑之施于宫殿者遂成绝响，仅偶见于园林风景建筑，如宋画《金明池夺标图》、《滕王阁图》、《黄鹤楼图》中所示。由此可见，台榭建筑至少起源于商末，盛行于春秋、战国，而式微于唐、宋。其结构系以夯土为主，后始外包砖石。建筑之布置形式，除建于台顶，并有环绕土台周围者，其具体而微之例，若西汉长安南郊之辟雍。在另一方面，陵墓之制亦受其影响。大概从周中叶起，改变了古人"不封不树"习惯，墓上出现垒土为坟。其于帝王、诸侯者规模更为宏大，且上建祭享堂殿，例如辉县战国大墓、平山中山国王墓等等。而秦始皇陵、两汉帝陵及唐、宋皇陵之封土皆巨，但其上均未有祭祀建筑。因此，流行于周代宫殿及陵墓之台榭建筑的共同兴衰，愚意恐未能视作是一种巧合。

一般位于建筑物下之台基，除前述安阳小屯商殷宫室外，于汉代诸画像砖石中亦屡有所见，如小至门阙，大至殿堂，皆有置者（图8、图10—12、14）。山东沂南汉墓石刻及四川出土汉住宅画像砖与北朝建筑等，其台基往往于四隅建角柱，中置陡板石及间柱，上覆阶条石（图9、13、15），但各部均不施雕饰。其制式与后世迄于清代所用者几无二致，足见其成熟至少已在东汉。及佛教流播，作为佛座之须弥座亦传来中土。其最早形式见于敦煌石窟北魏428号窟（图16），于束腰上、下施简单之方涩线脚若干。特点是束腰高而无装饰，方涩上、下不对称与极少使用莲瓣。尔后于束腰处使用间柱及壶门，莲瓣亦自下部方涩间延及上涩（图17）。早期之壶门较宽，其上部由多数小曲线组成，底部为一直线。后来宽度变窄，上部曲线简化，底部亦采用曲线形式。壶门内并施神佛、伎乐等雕刻，装饰日趋华丽。大约在宋代中叶以后，间柱逐渐取消，束腰部分之装饰开始施用几何纹样。其上、下方涩间出现斜

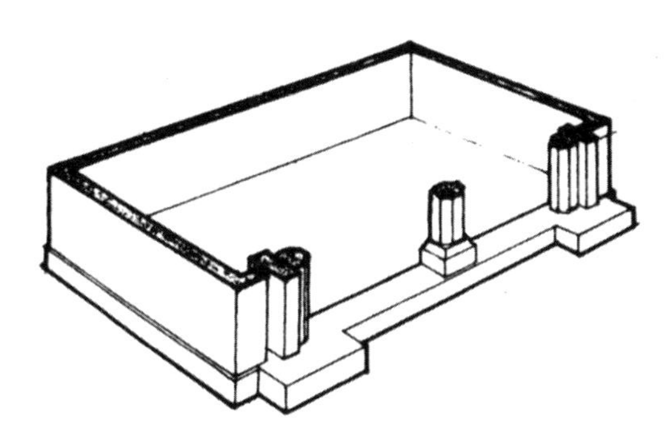

图8　山东肥城孝堂山汉石祠基座

四川彭县画像砖

山东两城山石刻

图9　汉画像石中建筑基座二例

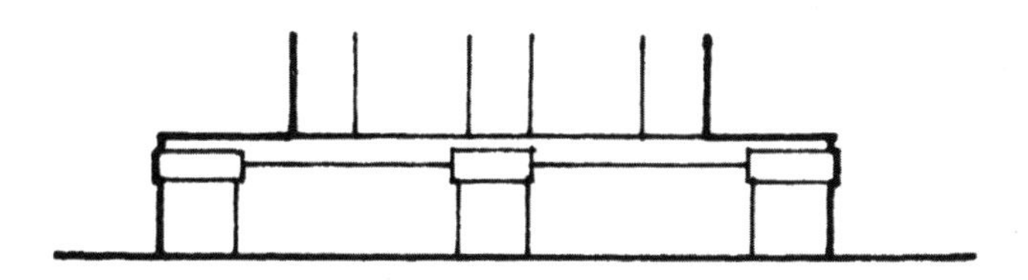

图10　四川雅安汉高颐阙母阙基座

图11 江苏铜山汉画像石

图12 汉画像石中双阙基座

图13 北魏宁懋墓石室雕刻

图14 河南洛阳出土北魏宁懋墓石室之台基和砖铺散水

图15　敦煌285号窟壁画中之西魏建筑

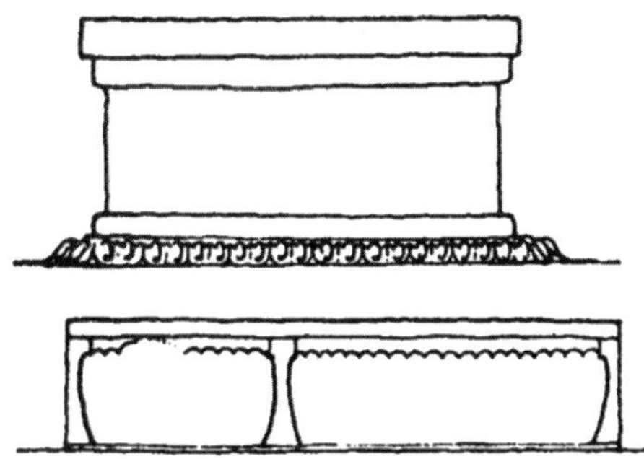

上、须弥座　甘肃敦煌莫高窟428号窟佛座
下、壶门　河北磁县南响堂山 6号窟佛座

图16　北朝石窟须弥座

图17　太原天龙山北齐石窟佛像须弥座

涩及枭混曲线，下方涩之下，另加龟脚。此类台基之式样变化，实以宋代为枢纽（图28—30）。现存古代须弥座之最华丽繁复者，恐无出河北赵县北宋仁宗景祐五年（公元1038年）陀罗尼石幢之右。其下石须弥座三层，琢刻极为秀美丰富，角柱与间柱作束莲柱或木建筑柱式，其间雕饰壶门、天神力士、飞天伎乐等。须弥座之使用，除施于佛像、塔、幢之下，又有用作棺床（如五代十国之前蜀王建墓）及官式建筑之台基（如明、清之南京、北京宫殿）。从而正式纳入中国建筑之礼制范围（图18—24）。如北京故宫三大殿下，建白石须弥座三层，又天坛祈年殿亦复如此。此时之须弥座之束腰高度已降低，其上、下之线脚以采用对称之布置而几乎相等（仅下方多一龟脚）。角柱表面浅刻海棠纹一至二道，束腰端部及中部则浮雕卷草图案。清代官式须弥座的尺度比例及装饰，可见图33。至于明、清之区别，仅为前者形状较圆和与后者较方正而已。此外，宋、元之普通台基，有于压阑石之角隅，置称为角石之方石板者，其上雕卧狮等，例见北京护国寺千佛殿前月台之元刻（图27）。而清代普通台基多以石或砖石混合砌造，阶沿仅平铺阶条石而已（图35）。

（二）踏道

以阶级形之踏跺（又称踏步）为最常见，此系供步行升降而多置于露天者。据《仪礼》所载，周代宫室、住宅已有东、西阶之制。其式为于殿堂前设双阶，东侧称主阶或阼阶，供主人用；西阶称客阶或宾阶，以待宾客而示尊崇，盖古礼尚右，故尔。其后汉代与六朝以下之文献亦多有所载。至于佛寺、坛庙亦有用此制者，如唐长安慈恩寺大雁塔之门楣石刻，即有五间单檐四阿顶佛殿施东、西双阶之形象。而河南济源建于北宋太祖开宝六年（公元973年）之济渎庙渊德殿，尚留有此项遗构，是为目前国内所知之最早实例。然自宋代以降，此制于文献及实物中，

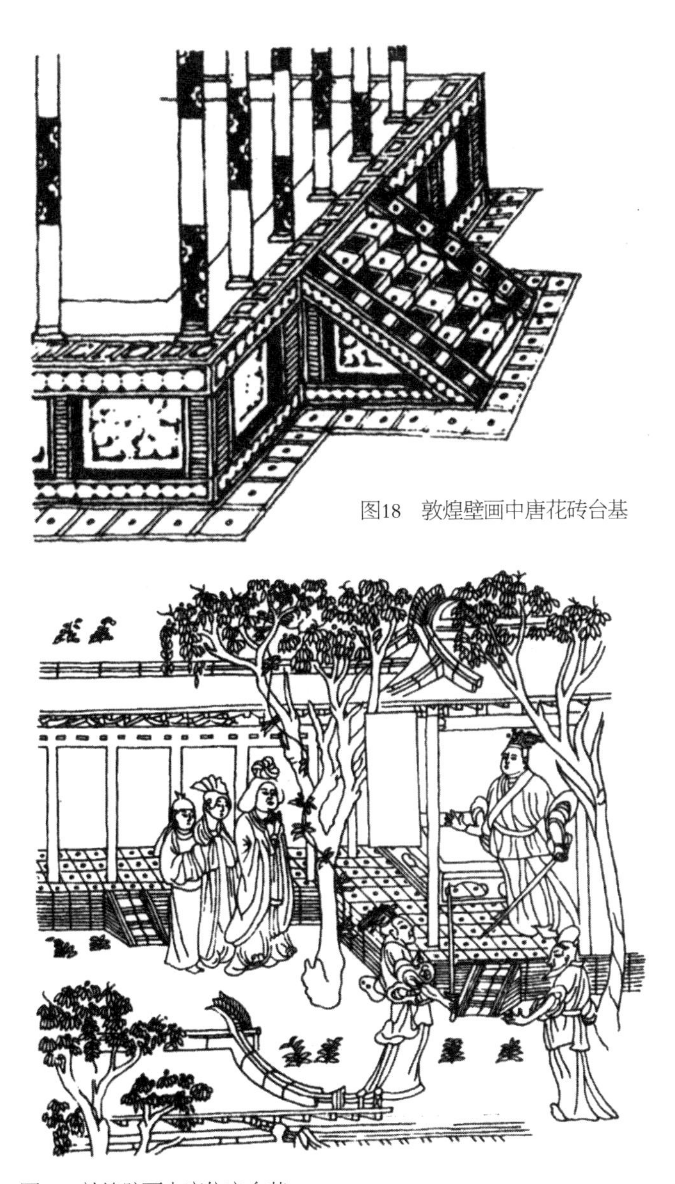

图18 敦煌壁画中唐花砖台基

图19 敦煌壁画中唐住宅台基

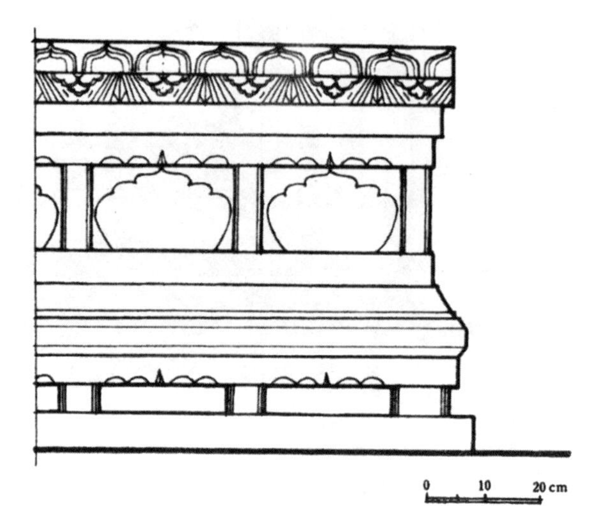

图20 山西五台南禅寺大殿佛坛须弥座（唐）

图21 敦煌壁画中唐临水木桩台座（172号）

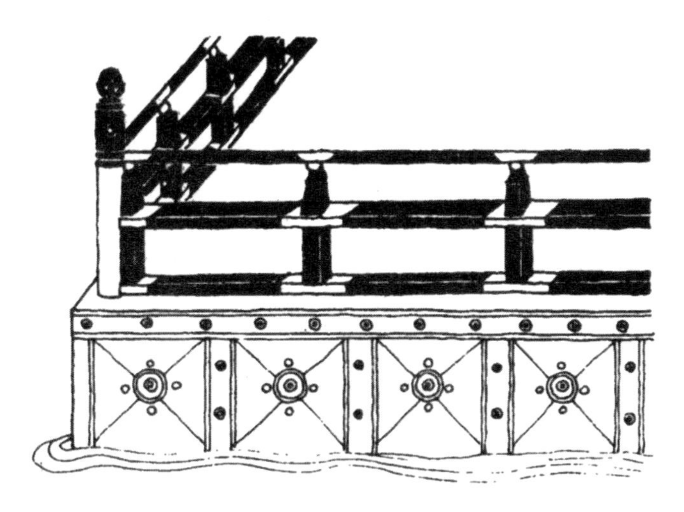

图22　敦煌壁画中临水砖石台座（用斗子蜀柱栏杆、转角用望柱）

图23　敦煌25号窟壁画砖木临水台座（用斗子蜀柱瓦片勾栏，转角用望柱）

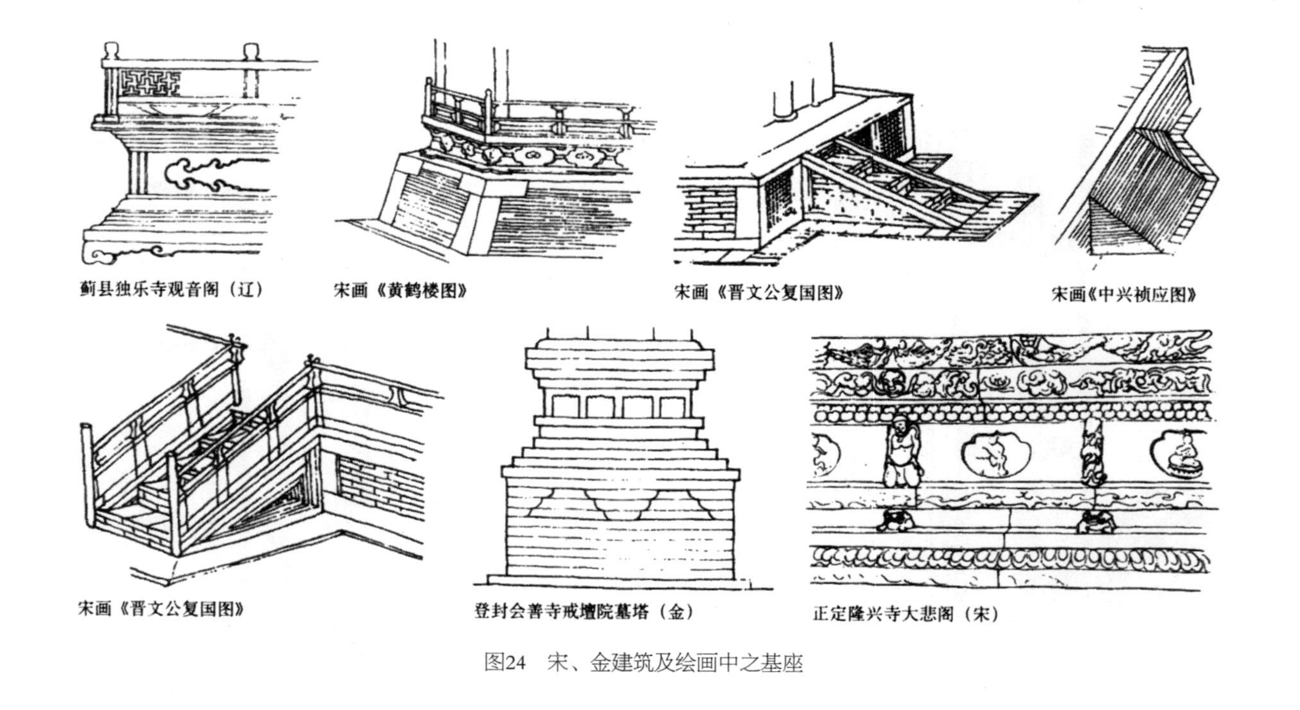

图24 宋、金建筑及绘画中之基座

图25 宁安渤海国东京城遗址出土石螭首

均未有再现者。

古代帝王于宫中常乘辇车，故升降殿堂须建坡道。汉班固《西都赋》中已有“左平右墄”之描述，“墄”者踏跺也，“平”者坡道也。故知此项坡道至迟于西汉已经使用。其置于殿前而两侧挟以踏跺者，于《营造法式》中称为“陛”。它很可能是东、西阶二者合并的结果。现存实例以河南登封刘碑寺唐开元十年（公元722年）之石塔及少林寺北宋宣和七年（公元1125年）初祖庵前之石级最为有名。明、清之世应用更广，除屡见于皇宫主要殿堂以外，又施于陵寝、坛庙、佛寺。此时之陛石表面多刻有龙、凤、云纹、海山等高浮雕，已不宜于车行，而是作为一种等级制度之标志与装饰。

图26 南京栖霞寺舍利塔台基及勾阑

一般常见之踏道，为中央施踏跺而两侧夹以垂带石（宋称“副子”）者。在大多数情况下，于建筑之阶前仅设一道。较早之例如四川出土描绘东汉地主住宅之画像砖中，其三间厅堂前即依上述原则（图9）。在皇家殿宇中，则有并列三踏道者，如唐长安大明宫含元殿前龙尾道。但三者以居中之道为最广，又各道皆先“平”而后“墄”，此种组合形式，为他例所未睹。

图27 元代台基角兽

室外之斜道，为防止冬日冰雪滑溜，常于表面以陶砖侧砌成斜齿状，称为“礓礤”。宋《营造法式》已载有做法。此外，用于园林建筑中之踏跺，平面常作多边蝉翅状展开，故称“蝉翅踏跺”。

正规踏跺每步之高宽比，如宋《法式》规定高五寸、广一尺；清《则例》为高至五寸、广一尺二寸至一尺五寸。均在1∶2左右。较局促之处，如佛塔内阶梯，

图28 河北正定开元寺正殿须弥座

则可达1：1或更多。所用材料，室外者除用整齐之石条及陶甓，又可用天然石料砌作不规则形，称为“如意踏步”，多施于住宅、园林建筑。

踏步之侧面，于垂带石下所形成之三角区域，《法式》谓之“象眼”。此处于宋、元时砌作层层内凹之形状（图34）。明代之初，如南京明孝陵享殿之石阶，犹在此置表面浅刻凹槽之三角形整石，以象征旧时做法。以后均改为砖石平砌。象眼近地平处，有的设有排水孔，例见南京明故宫、明孝陵与成都明蜀王府殿堂故基。

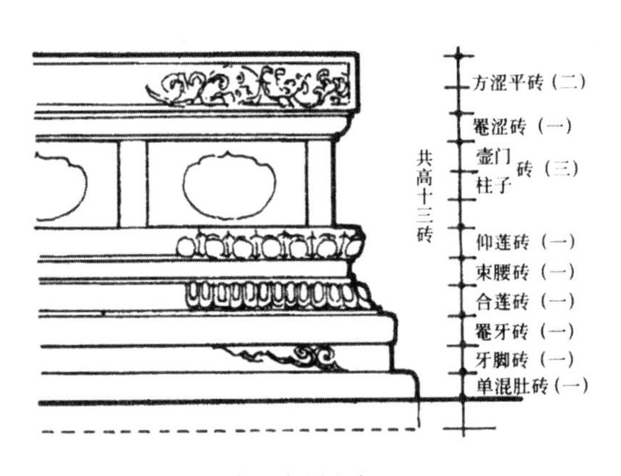

图29　宋《营造法式》砖砌须弥座

（三）栏杆

古称“勾阑”。最早之形象，见于西周铜器兽足方鬲，其正面下端两隅，有十字棂格之短勾阑各一段。战国晚期，又出现陶制之栏杆砖，纹样有山字形及方格，例见河北易县燕下都出土遗物。经由汉代

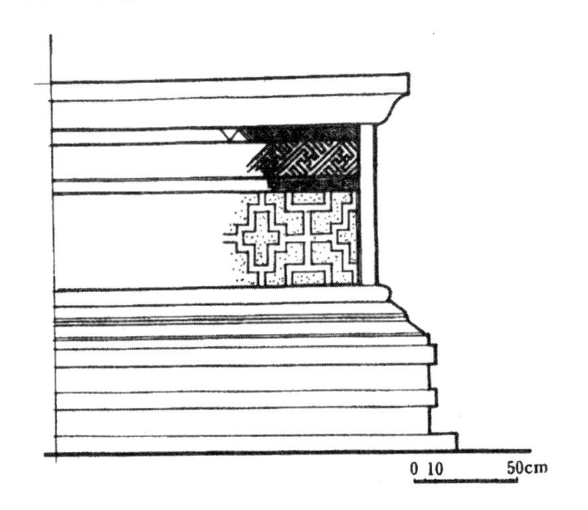

图30　江苏苏州玄妙观三清殿须弥座

陶屋明器及画像砖、石所表现者，为数更众。其棂条有直棂、斜方格、套环等多种（图31）。望柱则有不出头与出头者，而以前者为多，出头部分均作笠帽形。南北朝时期之勾阑见于山西大同云冈第九窟者，其间柱上以斗子承寻杖，寻杖与盆唇间未施其他支撑，阑板作勾片造，再下置地栿（图31），与宋《营造法式》所示勾片造单勾阑，大体差别无多。另甘肃敦煌莫高窟第257窟所绘壁画，其楼阁之勾阑中部望柱已出头，且阑板采用直棂与勾片之混合式样（图31）。唐代之勾阑亦无实物存留，其于壁画中所绘者，寻杖有插入于角端之望柱，及采用“寻杖绞角造”之二种方式。阑板纹样仍以卧棂为多，其他或用勾片造，或用华版造。望柱端部常做成莲花形，寻杖与盆唇间支撑，则施斗子撮项。五代勾阑实例，仅南京栖霞山舍利塔一处（图26）。因塔之台座为八边形，故勾阑置于台隅之望柱，亦采此种平面。寻杖断面圆形，其下承以类似《法式》中之斗子瘿项（断面作方形），盆唇下施勾片造镂空阑版，纯系仿木构式样，与所用石材特性不相符契，似欠合理。宋代勾阑较前代更为华丽，依《营造法式》，其勾阑有单勾阑与重台勾阑之别（图32）,而具体使用则以前者为多。宋代勾阑现无实物遗存，但由《晋文公复国图》、《黄鹤楼图》、《捣衣图》、《雪霁江行图》、《折槛图》等宋画（图31），亦可窥当时勾阑情况之一斑。其形制大体仍如唐代风范，惟局部更为纤秀工巧。又依《雪霁江行图》及《西园雅集图》，知已有具坐栏之鹅颈椅。

与北宋时期相近之辽代建筑，其勾阑实物亦颇有可观者。已知之例，若河北蓟县独乐寺观音阁、山西应县佛宫寺释迦塔、山西大同下华严寺薄伽教藏殿壁藏、河北易县白塔院千佛塔等砖木建筑皆是。其中尤以教藏殿内壁藏与天宫楼阁之勾阑华版形式种类最多，有卍字、T形、亚字、勾片、十字等（图31）,均以镂空之木板为之，制作极为精美。以后降至明、清，栏板之式样大体布局未变，而细部处理之手法殊多，因篇

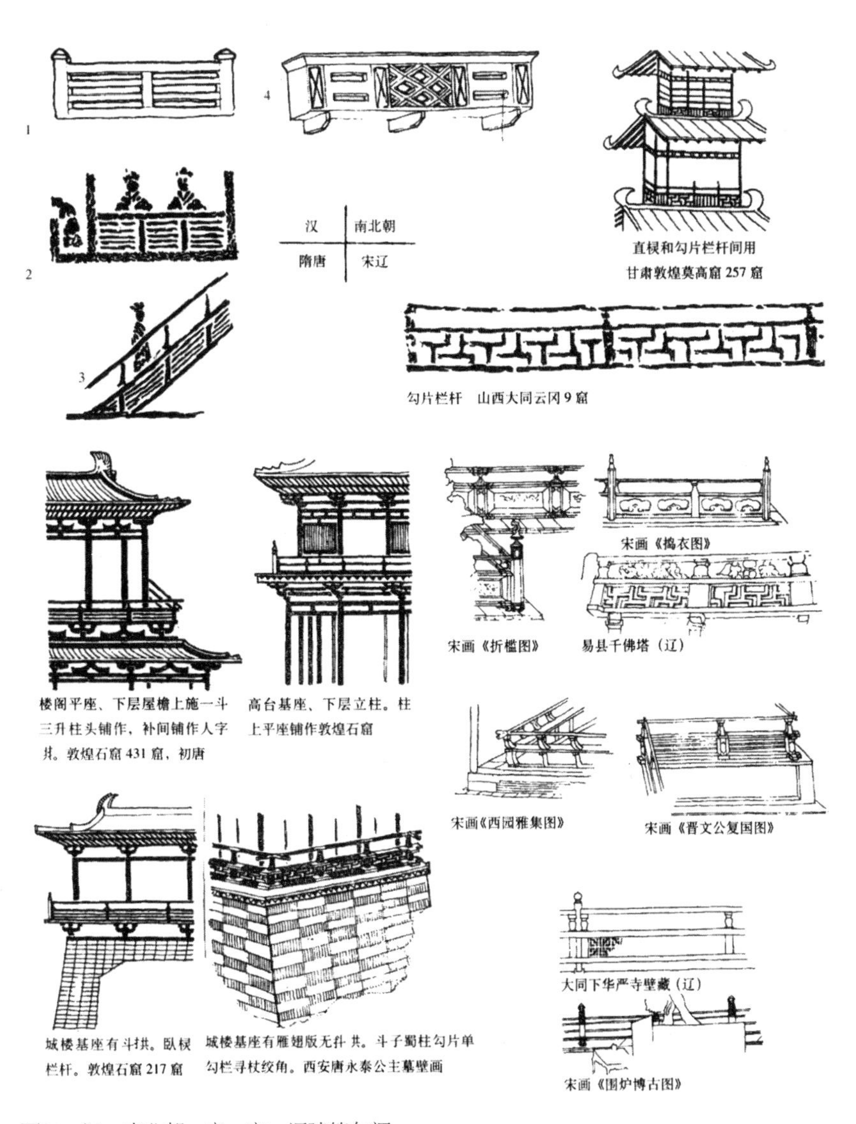

图31 汉、南北朝、唐、宋、辽建筑勾阑

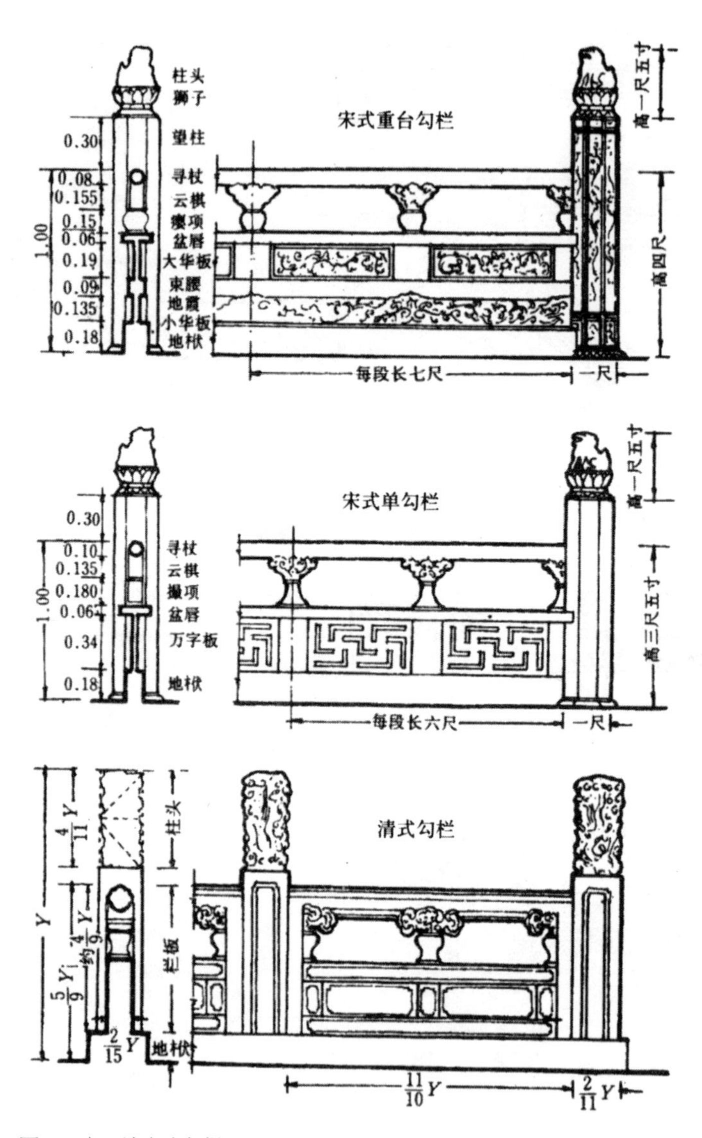

宋式重台勾栏
柱头
狮子
望柱
寻杖
云栱
瘿项
盆唇
大华板
束腰
地霞
小华板
地栿
0.30
0.08
0.155
0.15
0.06
0.19
0.09
0.135
0.18
1.00
高一尺五寸
高四尺
每段长七尺
一尺
宋式单勾栏
寻杖
云栱
撮项
盆唇
万字板
地栿
0.30
0.10
0.135
0.180
0.06
0.34
0.18
1.00
高一尺五寸
高三尺五寸
每段长六尺
一尺
清式勾栏
柱头
栏板
地栿

图32 宋、清官式勾栏

幅所限，未能一一列举（图36—41）。

我国早期之石、木勾阑，均未见有于尽端施抱鼓石（又名“坤石”）者，就其结构而言，终不甚坚固。今日所见施抱鼓石之形状，以金《卢沟桥图》中所示之形象为最早。其后明、清除建筑栏楯外，又施于牌坊、大门、垂花门等处。因石之中部常雕一圆形之鼓状物，故有斯名。但明南京孝陵下马坊与明楼前石桥二处使用之

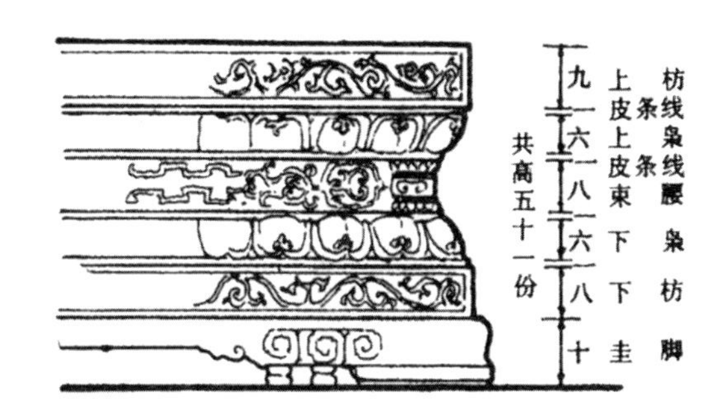

图33 清官式须弥座

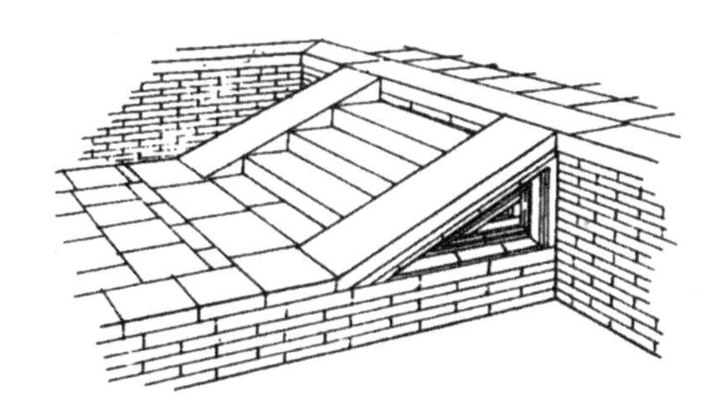

图34 元大都后英房住宅象眼

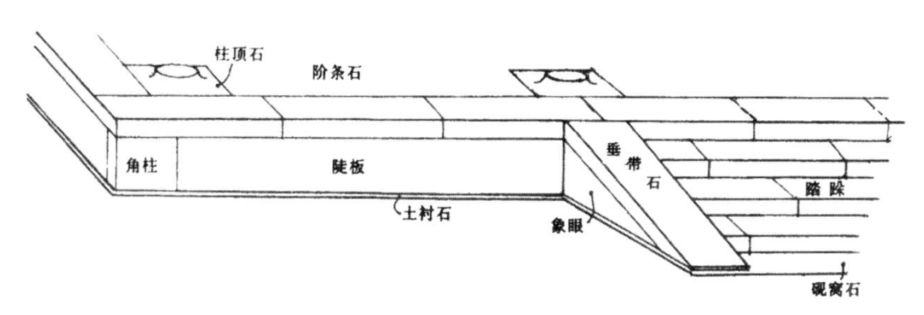

图35 清式台基与垂带踏跺

图36 曲阜孔庙杏坛石栏

坤石，其上遍刻云纹，与上述者有所区别。又综观勾阑坤石之形状，似从纵长形，演变为近乎方形，最后发展为横长方形。自其承受横向推力之效应而言，此最终之体形，亦为最符合力学要求者。

（四）螭首

其形状为兽首或龙首，置于建筑外部须弥座之石栏杆望柱下，其于角隅者谓之“角螭”，体量较望柱下者为大。原为将台基上积水外泄之工具，后渐成为装饰（如角螭即已失却排水功能）。螭首之记载，

图37 华北某寺石栏

图38 皖南民居木栏杆

图39 成都文殊院木栏杆

曾见于宋《营造法式》，其始用于何时，目前尚不明了。实例如宁安渤海国东京城遗址出土者（图25），又依山西平顺海会院唐明惠大师塔，其须弥座上枋角部有龙头装饰若后世之角螭者，放置方式亦雷同。而太原晋祠北宋圣母殿台基，也仅有角螭之设置。故颇疑角螭之使用，当早于望柱下之螭首。

图40 苏州玄妙观石栏

图41 四川合川钓鱼城某寺台基、石栏及踏步

三、木构架

（一）我国传统建筑木架之主要形式及特点

我国传统建筑之主要结构形式为木抬梁式屋架，虽具诸多优点，但在结构与构造方面，亦有若干不足：

1.木架结构主要考虑承受垂直方向之荷载，而未考虑较大水平推力之作用。

2.各榀木屋架间之联系欠充分。

3.木屋架与房屋基础间，亦缺乏紧密之结合。

因此，当受到较强之水平推力（如地震、大风等）时，木架常易产生倾斜而致毁。是以木架外常护以厚墙，非独为防寒保暖，而亦有其结构之意义。

就木架之各构件而言，大体可分为承垂直压力之柱，与抗水平张力之梁二类。其中梁所需要之单位材料应力强度，又远胜于柱。而各种梁中，悬臂梁（或称挑梁）之应力又大于简支梁。当建筑悬伸的结构长度（如房屋之出檐）达到某种范围时，用单一的构件已不能满足。于是改用加斜撑或施层叠出挑的方式，这就形成了我国木构建筑特有的构件——斗拱。古代匠师虽然缺乏系统的科学力学知识，但能根据多年实际经验，得知出挑构件受力（目前我们知道的是剪力与弯矩）很大，需要采用较大的结构断面。从而创立了以拱的断面尺寸作为一切其他构件标准的方法。它的应用至少始于唐末，而予以系统阐述并付之实行的，则在北宋。具载于徽宗崇宁二年（公元1103年）刊行之《营造法式》。其中规定以“材”为一切大木构件之用料标准。这“材”实际就是“拱”的断面，宽度定为十分°，高定为十五分°（此分°，即“份”之意），为2∶3之比例。依建筑物大小，分“材”为八等如下：

一等材　宽6寸　高9寸　用于殿身九间至十一间。

二等材　宽5.5寸　高8.25寸　用于殿身五间至七间。

三等材　宽5寸　高7.5寸　用于殿身三间，或殿身五间，厅堂七间。

四等材　宽4.8寸　高7.2寸　用于殿三间，厅堂五间。

五等材　宽4.4寸　高6.6寸　用于殿小三间，厅堂大三间。

六等材　宽4寸　高6寸　用于亭榭或小厅堂。

七等材　宽3.5寸　高5.25寸　用于小殿或亭榭。

八等材　宽3寸　高4.5寸　用于殿内藻井或小亭榭斗拱。

清代大木用料标准称“斗口”，即大斗之斗口宽度，亦即拱宽或材宽。其断面定为宽十分°、高十四分°，比例较宋式略矮，大体仍为2∶3之比例。按雍正十二年（公元1734年）所颁布之《工部工程做法则例》，亦根据建筑物大、小，分斗口为十一等。

一等斗口	宽6寸	高8.5寸	未见实例
二等斗口	宽5.5寸	高7.7寸	
三等斗口	宽5寸	高7寸	
四等斗口	宽4.5寸	高6.3寸	用于城楼。
五等斗口	宽4寸	高5.6寸	用于大殿。
六等斗口	宽3.5寸	高4.9寸	用于大殿。
七等斗口	宽3寸	高4.2寸	用于小建筑。（太和殿所用斗口，较七等斗口略小。）
八等斗口	宽2.5寸	高3.5寸	用于垂花门、亭。
九等斗口	宽2寸	高2.8寸	
十等斗口	宽1.5寸	高2.1寸	用于藻井、装修。
十一等斗口	宽1寸	高1.4寸	

其中第六、七等斗口，为清代建筑所最常见者，仅合宋代第七等材或八等材。可知我国古代木建筑之用料比例，年代愈晚者，比例愈小。其重要原因之一，乃出于木材之匮乏。至于不用斗拱之小式建筑（即官式做法中之次要建筑），如厅堂、住宅、垂花门、亭等，则按其明间面阔或亭之进深，作为用料标准。

以上之材、斗口或明间面阔等尺度决定后，则所有柱、梁、枋、檩等构件之尺寸比例，以及屋顶坡度均随之确定。而建筑本身平面之通面阔及通进深，亦皆由此推算得出。

（二）柱础

其作用为将柱承受之荷重，经此传至地面。另外又有保护柱脚及装饰美化之功能。我国原始社会建筑已使用柱础，实例已非一端。商代柱础则得自安阳小屯之宫室。均为埋于室内地表以下或夯土台基内，而非若后世之置于台基表面上者。础之本身为天然卵石，未经任何加工，仅以较平整之一面朝上，用承柱身而已。

两汉柱础式样较多（图42），有的平面正方，上施枭线，恰如栌斗之置于地面，例见山东肥城孝堂山石祠及安丘石墓。或仅于柱下施方形平石，如四川彭山崖墓所示。其于画像砖、石中之形状，亦大抵如此。惟置于墓表下之石础，如北京西郊发现之东汉秦君墓表，础为长方形平面，上表浮刻双螭，恐系一种独特手法。

北朝时期之柱础，见于山西大同云冈石窟、甘肃天水麦积山石窟及河北定兴北齐义慈惠石柱者，有莲瓣、素覆盆及平板数种（图42）。其中施莲瓣者形狭且高，与唐、宋以下迥异。而见于南京附近之南朝帝王陵墓神道柱下石础，表面亦琢刻双螭，与北京汉秦君墓表相仿佛。

唐代柱础见于西安大雁塔门楣石刻及山西五台佛光寺大殿者，皆饰以较低平之莲瓣，亦有用素覆盆（图42）。尔后雕饰渐趋复杂，其莲瓣尖端向上翻起，作如意形，已开宋代宝装莲瓣制式之渐。

两宋建筑注重装饰，其于柱础亦不例外，是以此时期之柱础形式最多，雕刻亦复繁丽，于《营造法式》中已多有所载。就实物所见，有素覆盆（河南登封少林寺初祖庵大殿及江苏苏州玄妙观大殿），或于覆盆上浅刻缠枝花及人物（苏州罗汉院大殿），或刻力神、狮子等（河南汜水等慈寺大殿）（图42）。

明代使用素覆盆及鼓镜式柱础较多，一洗赵宋繁缛之雕饰。

清代官式柱础以鼓镜为主，亦有用鼓墩式者。民间则花样繁多，尤以南方为最，有方、八角、圆形、瓜楞及数种混合叠用者。其上雕刻有动、植物等各式纹样。

除石质柱础外，明、清民间建筑中，尚有施用木柱础者，例见苏南、皖南之民居与祠堂。

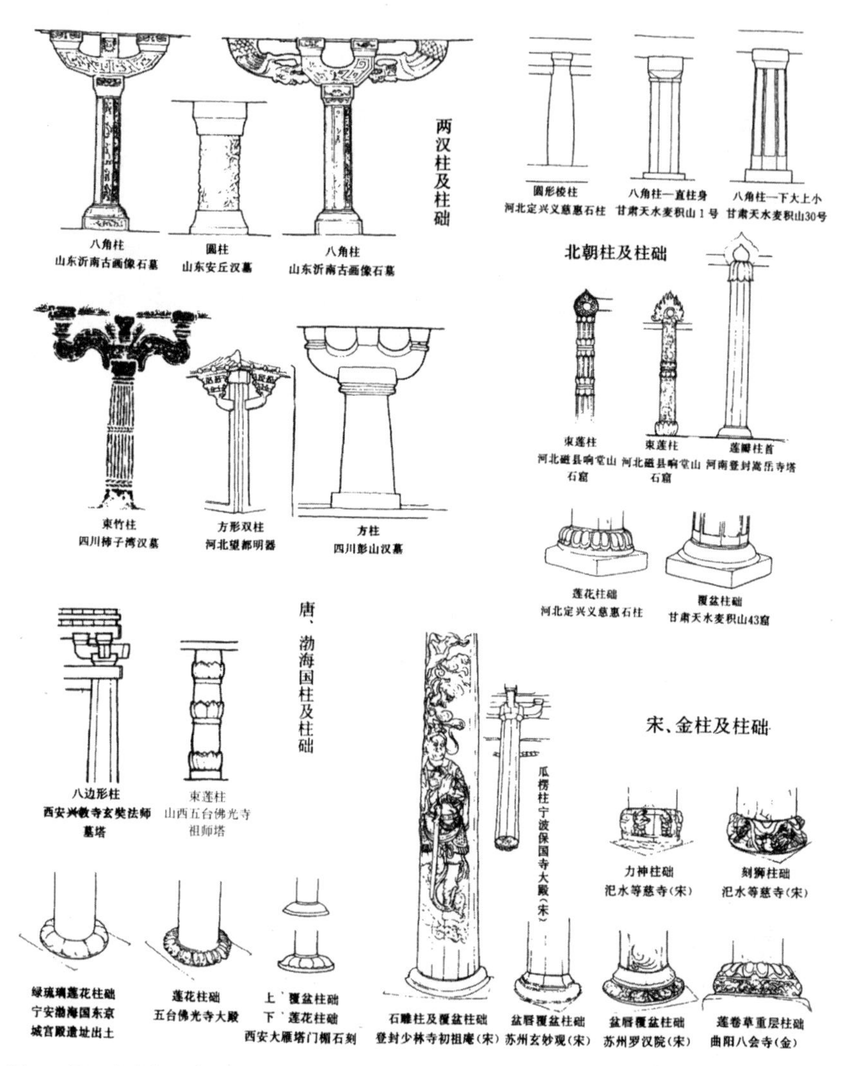

图42 汉、南北朝、唐、渤海国、宋、金柱及柱础

（三）柱櫍（锧、碛）

置于柱底与柱础之间。使用之目的为防止木柱下部受潮湿，后又成为柱脚装饰之一部分。其材料似最早为木质，继改为金属板，最后用石材。故又名踬或碛。

安阳小屯殷墟宫室遗址发掘中，于建筑夯土台基内之卵石柱础上，得一覆盖之铜板，乃我国最早发现之锧，其上尚有炭化物残存，当为木柱之被焚烬者。其后《战国策》中，亦有类似之记载，可见直至周代仍在应用。

石碛之实例，如苏州玄妙观大殿及罗汉院大殿者（图42），皆出于南宋，已有与石础合为一体的现象。而浙江宣平延福寺大殿之碛，则为元代所构。至于文献所载，可参阅《营造法式》石作诸篇。

其使用木櫍者，亦见于苏州之民居、宅邸。而苏州文庙大成殿中，于石础上之木柱脚周围，包以木櫍一圈，此乃纯自形式出发，追求装饰之陋例矣。

碛或櫍之外观，大抵近似于鼓镜形状。

（四）柱

柱为受压构件，屋架所受外力与其本身之自重，经此传递至基础。柱之种类甚多，因其所在之位置与在结构中之作用而各异。就建筑平面而言，大体可分为外柱与内柱两类。前者位于建筑物之外周，于前、后檐者，称檐柱；于两山面者，称山柱；位于角隅者，称角柱。内柱皆置于室内，清代有老檐柱、金柱、中柱等名称。其于梁架间，则为脊柱（宋称“侏儒柱”）、童柱（或名“瓜柱”，取其形似）。此外，另有槏柱（置于额枋之下，用以再划分开间者）、倚柱（半埋于墙内，半凸出于墙面）、塔心柱、刹柱、雷公柱、垂莲柱等等。

汉代现存遗柱皆为石构，其平面有方、八角、圆形、束竹、凹楞等多种。外形以平直与收分为常见，但未有卷杀。前者如山东肥城孝堂山石祠及沂南画像石墓中之例，后者若四川彭山东汉崖墓所示。又山东安丘东汉画像石墓之石柱，表面雕刻缠错之众多人物。而四川乐山柿子湾汉墓中，柱身作微凸之绳纹束竹状，均为罕见之例（图42）。

北朝之柱，见于宁懋石室者为方形断面之直体形。云冈第2窟及第21窟之塔心柱，其所刻佛塔檐柱亦皆方形直柱，但略有收分。而甘肃天水麦积山石窟与山西太原天龙山石窟之檐柱则为八角具收分者。位于河北定兴之北齐义慈惠石柱（图43），其主体2/3为八角形，1/3为方形。惟其上之石佛殿柱作圆断面之梭状，是为已知我国梭柱之最早实例。至于建置墓前之神道柱，如南京南梁萧景墓表，表面亦用凹楞如前述汉代秦君墓者。

此时外来文化之影响，亦有反映于我国之建筑者。如云冈石窟中曾出现爱奥尼（Ionic）与科林斯（Corinthain）式希腊柱头之雕刻，以及波斯双马柱式等，但为数极少，亦未再见于其他地域。又印度式样之莲瓣柱与束莲柱，仅见于河南登封之嵩岳寺塔及河北邯郸响堂山石窟，唐代仅见于山西五台山佛光寺大殿南侧之祖师塔，以后即行绝迹。

唐代木建筑如山西五台山之南禅寺与佛光寺大殿，柱之断面为方或圆，直体而上部稍有卷杀。其柱径与柱高之比值为1：9左右。而佛光寺大殿之内、外柱等高，亦为此时之特点。此种制式，于受唐文化颇深之辽代建筑中仍有明显表现。如河北蓟县独乐寺观音阁，虽重建年代迟于佛光寺百有余年，其柱径柱高之比与内、外柱处理手法，依然如出一辙。

宋代柱之平面以圆及八角形为多，亦有瓜楞形（如浙江宁波保国寺大殿）及凹楞形（河南登封少林寺初祖庵大殿）者（图42）。而《营造法式》对各种柱之尺度与构造，并有较详细之规定。如当心间檐柱高不得超过其面阔；柱之直径于殿阁为42—45分°，厅堂36分°，余屋21—

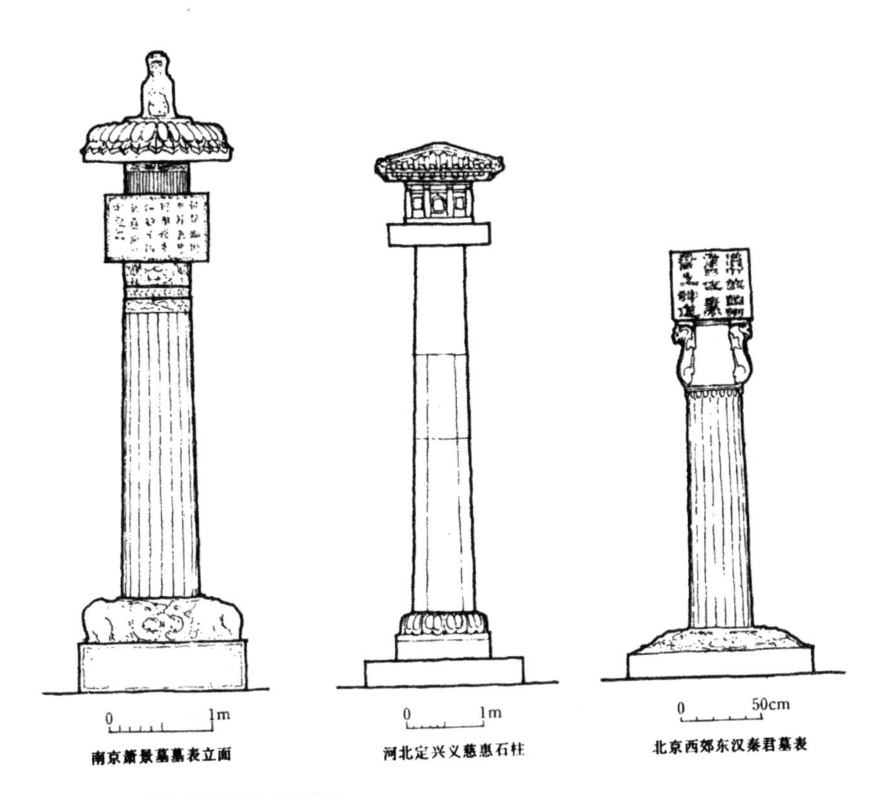

图43 汉、南北朝石墓表及纪念柱

30分°；柱径与柱高之比在1：8—1：10之间等等。此外，又制定造梭柱之法：先将柱身依高度等分为三段，除中段保持原状，其余上、下二段均按一定程序以梭杀。然所成之外形与前述北齐义慈惠石柱上之梭柱相较，则有若干区别。

为使建筑具有视觉上的稳固感，《法式》规定将各外柱之上端，向内倾斜1/100柱高，谓之“侧脚”。此外，又按每间升高二寸之比率，自当心间向角隅增加各柱之高度，从而使檐口呈现为一缓和上升之曲线。此种做法，称为柱之“生起”。上述两种手法，除两宋以外，亦见于辽、金、元建筑。

明、清建筑之柱以圆形平面为最普遍，民间亦有用方形者，而八角、多楞等已不见。此时明间面阔已大于柱高，故其空间形状如横长之矩形。柱之细高比亦达1∶10—1∶12或更多。官式建筑已极少使用“侧脚”与“生起”，是以屋顶之檐口基本呈一直线，仅于角部始有起翘，故外观较为僵硬呆板。但南方若干地区之民间建筑，仍有局部保持宋代遗风者。

（五）柱数多寡与屋架形式之关系

柱为承载屋面荷载之主要构件，其数量与位置影响建筑之结构与室内之空间甚大。柱多虽结构稳定，但妨碍内部之交通与使用，且颇不经济。故如何正确地选择适当之梁柱结构形式，乃古代建筑设计中一个重要问题。

以宋《营造法式》所载各种屋架断面图为例，若八架椽（即清式之九檩）梁架，即有三柱、四柱、五柱、六柱等四类六种之多，可视实际之需要而作具体之选择。其以下之进深较小建筑，当可类推。内中立有中柱之“分心造”，如非用于山面，则大多见于门屋（或门殿）。而四椽之乳栿，于实物亦甚为稀有。辽、金、元建筑，常施减、移柱造，故不若宋式梁架之正规。然其原则，仍大体仿此。

明、清官式建筑之梁架与柱之布置，均较整齐，其重要建筑多用前、后对称形式。如北京故宫太和殿为重檐庑殿建筑，其殿身部分之梁架为四柱十三架，或前、后三步梁、中央七架梁形式。南方民间建筑之柱梁配置较为灵活，而减、移柱之旧法，亦未完全摒弃。

（六）额枋（阑额）、平板枋（普拍枋）

置于柱与柱上端之间的联系构件，宋称阑额。清称额枋。大型建筑常施用二层，上层清代称大额枋，下层断面较小者称小额枋（宋名由额）。两枋间再置较薄之由额垫板。额枋之作用有二：

（1）将各柱联络成一完整之木框架。

（2）承载平身科斗拱（即宋代之补间铺作）。

依汉代实物（孝堂山石祠）及陶屋明器、画像砖石等资料，当时之阑额多系承于柱顶，其有斗拱者更架于此项部件之上。而北朝石窟若大同云冈第9窟与第21窟、洛阳龙门古阳洞以及太原天龙山第16窟等处之石刻建筑，亦皆作如是之部署（图50）。虽宁懋石室已在柱头以下施阑额置斗拱，但仍非正规做法。然阑额置于柱头之间之例，于甘肃天水麦积山第5窟及定兴义慈惠石柱亦有见之。凡此种种迹象，故可推知此项构造正嬗变于斯时。然其最后之成熟，恐在唐代之初叶。

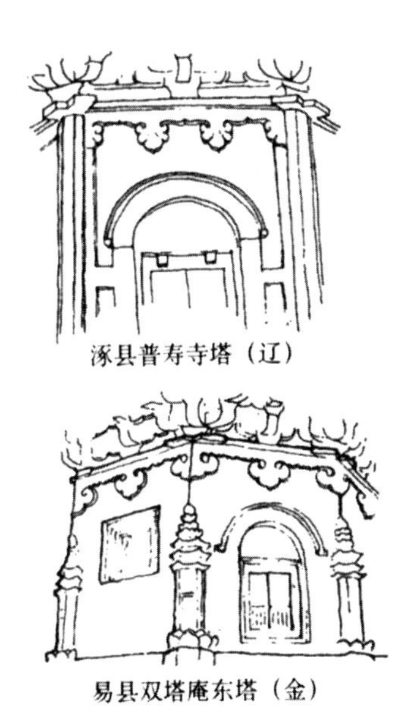

图44 辽、金塔角柱

敦煌第423号窟隋代壁画中，其佛殿已有使用二层额枋之表示。以后之唐代壁画，如懿德太子墓及敦煌第321号窟，并皆如此。惟此时之补间铺作比较简单，多施人字拱而未有出跳者。其荷载不大，故承载之枋断面亦较小，上、下二层可用同一尺寸。建于晚唐之五台佛光寺大殿，其柱头铺作已用七铺作之最高标准，但补间铺作仅用一朵，且为在直斗造上承华拱二跳之简化形式。故其下仅用阑额一层，至为合理。

宋代之补间铺作朵数虽仍不多，但其出跳已与柱头铺作相同。因其体积与重量（包括结构荷载）俱已增加，故承托之阑额亦须相应调整其断面。因此形成了上层阑额（清称大额枋）与下层由额（清称小额枋）截面尺度之不等。

图45 河北易县清昌陵龙凤门石柱装饰

早期阑额之高宽比例，于唐佛光寺大殿均为3：2，与北宋《营造法式》规定大体一致。明、清时额枋高度比为5：4或更趋于方形。宋代阑额之侧面常呈外凸之琴面，明、清则仅于额枋之四角稍加卷杀，惟南方明代民间建筑仍有用琴面者。至于阑额至角柱处之做法，唐代南禅寺、佛光寺二例未见出头，辽代出头作垂直之截割，宋代则有不出头或出头呈耍头形者，金代出头作耍头或霸王拳式，元代者形如楷头，明、清则皆作霸王拳，但其曲线略有变化（图46）。然民间建筑尚有依循古制之例，如北方乡间额枋之出头，至今犹采用垂直截割者。

阑额上之普拍枋为置放斗拱而设。唐代木建若五台南禅寺、佛光寺大殿均无，但西安兴教寺玄奘塔之砖构仿木者反有。辽、宋建筑亦如此，其若独乐寺观音阁者，置与不置兼具，可见尚不完全统一。大约在金以后，始成为建筑中之必备。普拍枋之断面，亦由开始之宽薄渐变为窄厚，至明、清时已窄于额枋。其出头初为平截，至元代于出头之角部施海棠纹（图46）。

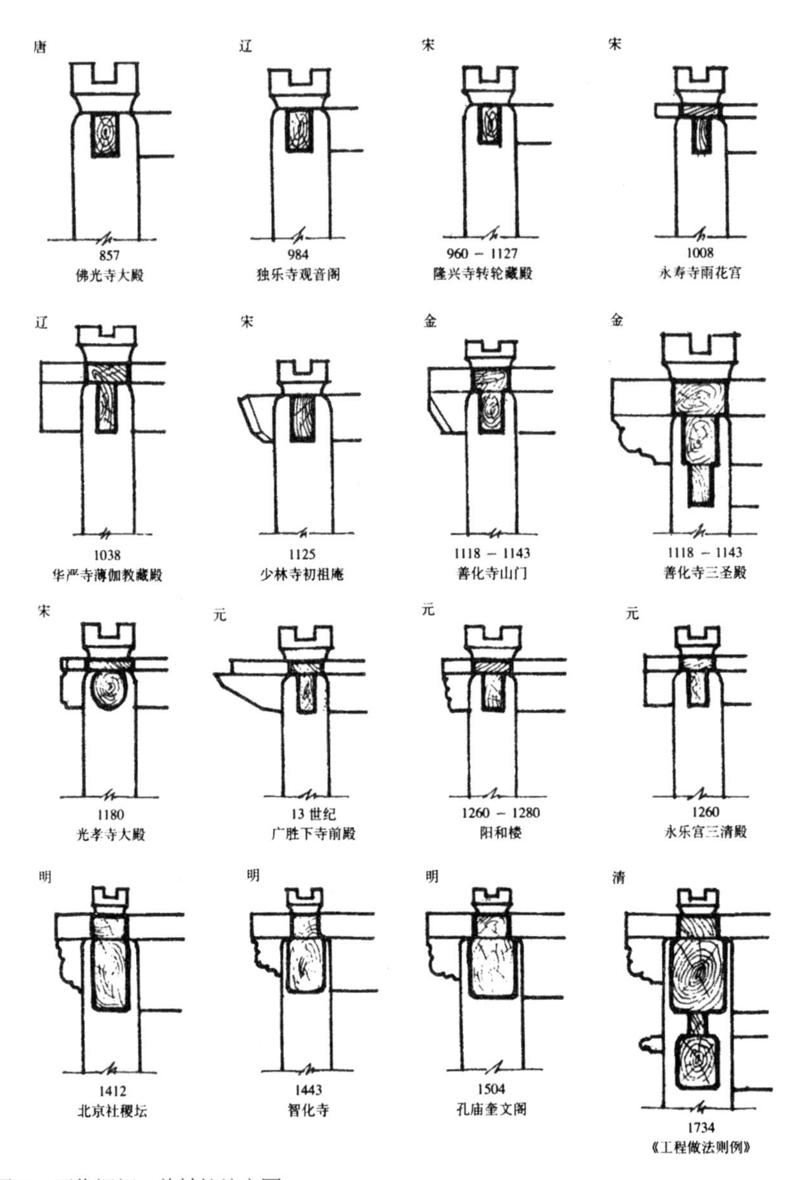

图46　历代阑额、普拍枋演变图

（七）雀替（绰幕枋）

施于额枋下之雀替，宋《营造法式》谓之为绰幕枋。其最早起源疑为替木，形象似出于汉画像石中柱头实拍拱之原形。云冈石窟第8窟之北魏浮雕，为已知此类构件之首例。河北新城辽开善寺大殿之两层替木，形状若实拍拱，犹与云冈者相近。宋《营造法式》所载之绰幕枋，其前端已雕成楷头或蝉肚二种形式。今日所知之宋代实例，皆施之于内檐，而外檐则未有见者，令人难以索解。岂《营造法式》所载仅汴京一带建筑而言，而此一带屡遭兵灾，故遗物荡然，而无法证实耶？辽、金之例，其下多用蝉肚。元代济渎庙临水亭之绰幕枋，亦依《营造法式》所云，前端作成蝉肚。现代之雀替形式，始于明代。然建于明初的安平县文庙，其雀替前端作楷头，次施枭混，再次为蝉肚与拱子。后来楷头与枭混部分特别发达，而蝉肚相对减缩，遂成清代之典型雀替式样（图47）。

清式雀替之比例，其长等于开间净面阔之四分之一，高等于檐柱径，厚为高之十分之三（或高等于1.25檐柱径，厚为0.4柱径）。如其下用拱子，则拱之长度为6.2斗口。所谓斗口，即指雀替之厚而言。拱高为二斗口，厚一斗口。十八斗之面阔为1.8斗口，进深1.38斗口，高一斗口。三幅云长度为檐枋厚三倍，高等于雀替高，厚以雀替厚减六分°。以上比例，仅为大概情况，实际应用时可酌予增省。

（八）斗拱

斗拱为我国官式建筑（如宫殿、坛社、庙宇……）所常用之结构构件，由斗、升、拱、昂等构件组合而成。此乃人所共知者，无庸再述。惟斗拱之起源、演变及各阶段形成之经过，则颇为复杂。此为研究中国古代建筑史最重要之课题之一，故应予详加分析与研讨。如能对此问题有较明确之了解，则若干有关大木之结构现象，自当迎刃而解。

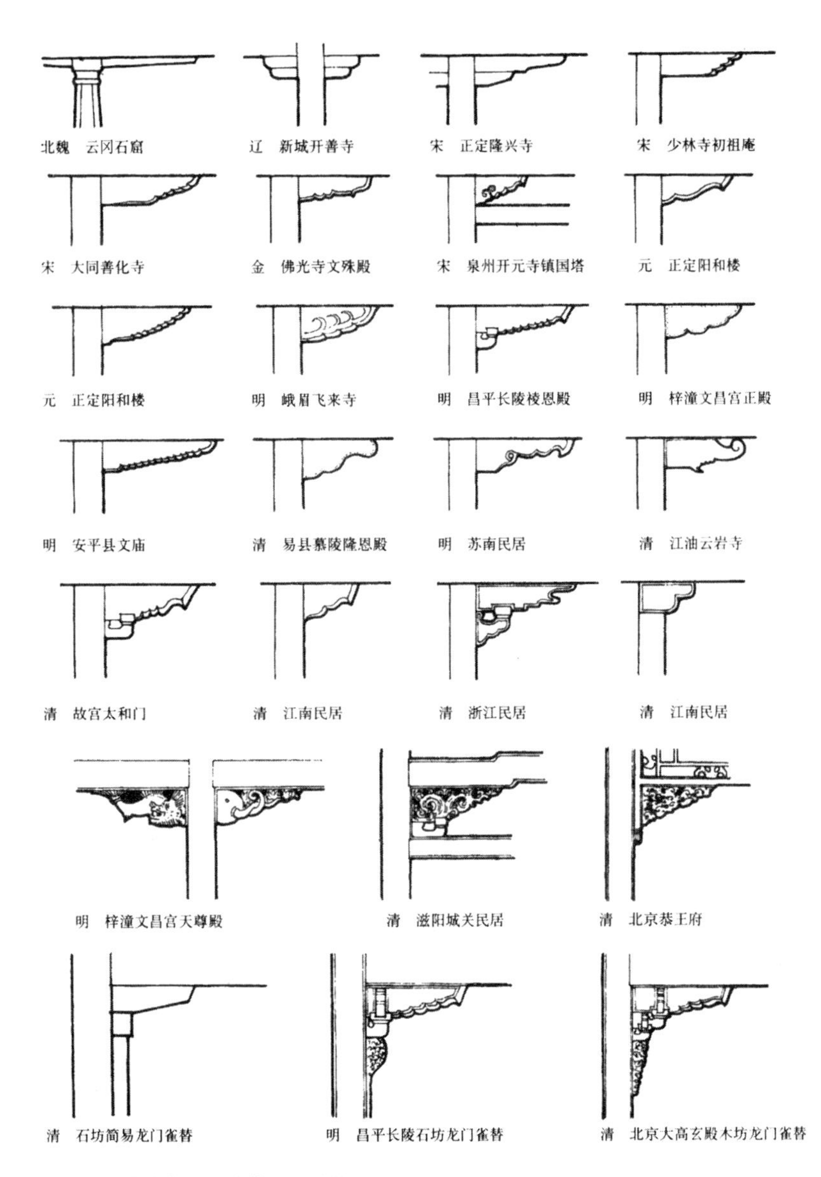

图47 历代绰幕枋（雀替）及花芽子示例

（甲）斗拱之作用　斗拱是为了承载建筑出跳部分之荷载，在木构架建筑中所形成的单体构件或组合的结构形式。它最初置于檐柱顶部以承出檐，后来才施于楼台之平座以及室内，并进一步作为大木结构之尺度衡量标准。此外，它还起着装饰作用。

（乙）斗拱之发展　其经过又与建筑出檐之变化有密切关系。

1.我国古代早期木构建筑的出檐，系以保护版筑或土坯所砌之墙面为目的。惟当时仅以木椽挑出，因构件断面甚小，故伸延距离有限，当建筑不甚高大时，尚属可行。今日所见四川汉代石阙上浮刻，与西康一带之建筑，均皆如此。

2.在木构架建筑发展到相当水平后，上述出跳距离甚短之缺点，始获得一定之解决。即利用内部之梁挑出于檐柱外侧，另于梁端加挑檐桁，以作为檐椽之外延支点，于是使出檐长度大为增加。但挑出之梁头，有二种不同之结构：一为水平形；一为利用天然弯曲之木料，以其反翘向上部位承桁。而后者即拱之起源。汉代许慎《说文》中的“舍”字，于小篆作“[illegible]”，乃最恰当的证明。

随着建筑物的体量日形庞巨，其出檐长度势必随与俱增。此时如何维护悬出梁头之安全，即成为建筑结构与构造之重大问题。依笔者设想，可用二种方法：一是于梁端之下加斜撑；另一是于梁下承柱之处，施水平之短木（使皆受压于梁下）。此二种做法，于今国内多有存者。而后一种即木构插拱之雏形，于汉明器中屡见。此种结构今天虽已不甚普遍，然在福建、浙江、广东乃至日本等处，尚在使用而未曾绝迹。

3.使用上述插拱时，需剜去柱体之一部，方可使其固着。然此举必定削弱柱身之强度，特别是当外力为水平方向时，易产生折断之危险。而柱与柱间联系之枋楸，乃为构架所不可缺少之构件，但其对柱身之危害，并如上述。是以从结构安全出发，必须考虑其他手段。因此，就采取了在柱顶使用硕大栌斗（即清之坐斗），交汇承托其上层叠之拱、枋等构件于一处的形式。这就为后世的正规斗拱奠定了发展的基础，而插拱和替木式叠拱的做法，也就日益式微与渐被淘汰了。此项栌斗之使用，至迟在西周之初，其斗身与斗欹之区分甚为明显，尤表示并非原始形式。

后世较完整之斗拱，系由栌斗、小斗（清称升）、拱、昂等组成。依汉代石祠、陶屋明器及画像砖石、壁画等资料，知当时已有栌斗、小斗与拱等构件，但无斜向之昂。其中就栌斗而言，平面均为方形，外观则有三种：一种之斗身全为斜面，形状上大下小，较之实用升斗量具几无二致，例见山东嘉祥武氏祠画像石。另一种与西周早期铜器“令段”所示（为我国目前发现最早斗拱）形象相仿，即上部之斗耳、斗平不分，但下部斜杀之斗欹已作略内顱之曲线。实例如山东沂南画像石墓及四川彭山崖墓等。以上二种栌斗俱未开有斗口，所承诸梁枋，均置于栌斗之上。第三种可以四川雅安高颐阙所雕斗拱为代表，其各类拱均嵌于栌斗之中，形制与后代正规斗拱大体雷同，仿木构的程度则远胜于前者。至于拱之形状，可分直拱、斜拱与曲线形拱多种。拱端之处理，有垂直截割、多边折线卷杀、圜和曲线卷杀、曲茎式样以及附龙首翼身之复杂形象。拱身上部且有剜出拱眼或不剜者。

汉代斗拱之组合（图42、48），有一斗一升、一斗三升及一斗多升等多种。有单拱造，亦有重拱造。但斗拱绝少向外出跳者。斗拱以柱头铺作为主，补间极为简单，常仅为一短柱或一人字拱，或全然不用。斗

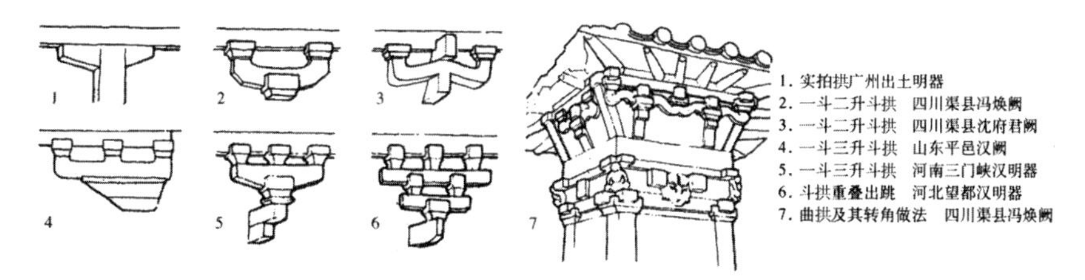

图48　汉代斗拱

拱之置于角隅者，常自角柱之二面出插拱，其上再施单拱或重拱承托檐口。至于在屋角45° 斜出铺作的做法，于汉代资料中尚未得见。

拱上之小斗，有的已具斗形，有的仅施矩形块体。其数量亦不一律，自二枚直至四、五枚不等，由下而上逐层递增。内中使用一斗二升单拱者，往往于拱背中央加一矩形垫块，似为一斗三升式样之滥觞。此项构造使上部荷载得以循柱中心线直接下传，在结构上是合理之举。

南北朝斗拱之遗物（图49）多得自石窟，均未有斗拱出跳之例。仅洛阳龙门石窟之古阳洞有自栌斗伸出似二层替木之形象。作为斗拱之单体，一斗三升制似已确立，若汉代之一斗二升及曲茎形拱皆已绝迹。其他如人字拱及直斗造，都已广泛使用。在细部方面亦已逐渐定型，如斗耳、斗平、斗欹三者高度之比例，若干实例已与宋《营造法式》规定之4∶2∶4大体相符。又拱头之卷杀已有使用多瓣之内顱曲线者，而栌斗与

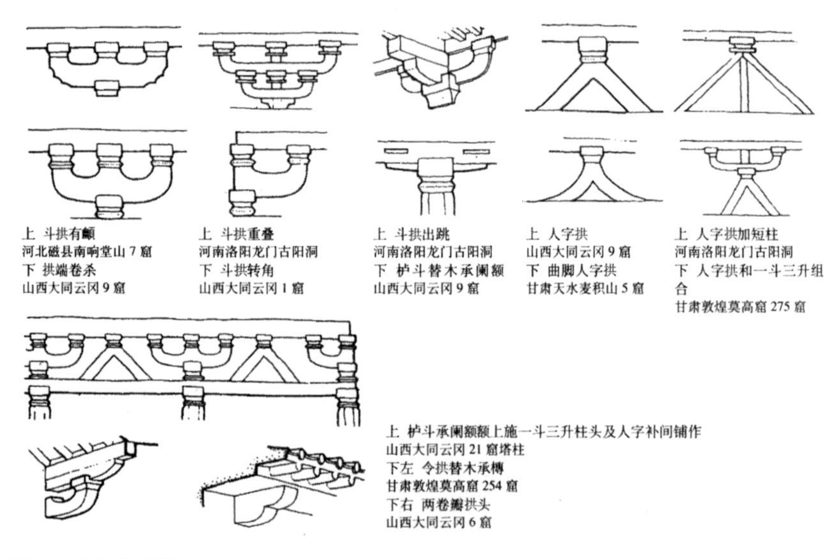

图49 南北朝斗拱

小斗下也常置有皿板。

唐代斗拱已采用出跳，如佛光寺大殿及南禅寺大殿、大雁塔门楣石刻、敦煌各窟及懿德太子墓中壁画等所示（图50）。总的说来，其柱头铺作已很成熟，但补间铺作仍甚为简单。以佛光寺大殿为例，柱头铺作已用出四跳（双杪双下昂）之七铺作，为旧时之最高等级；而补间仅用直斗（或驼峰）承托之五铺作，数量且仅一朵。方之唐代其他资料，亦皆如此。可见是当时使用斗拱的一个普通规律。此外，批竹形真昂的出现，也表明斗拱的结构出现了新的变化。这种斜撑构件有若杠杆，可使一部分屋檐荷载为屋面荷载所抵消。

从宋代起，柱头铺作（图54）与补间铺作之尺度与体量已经一致。

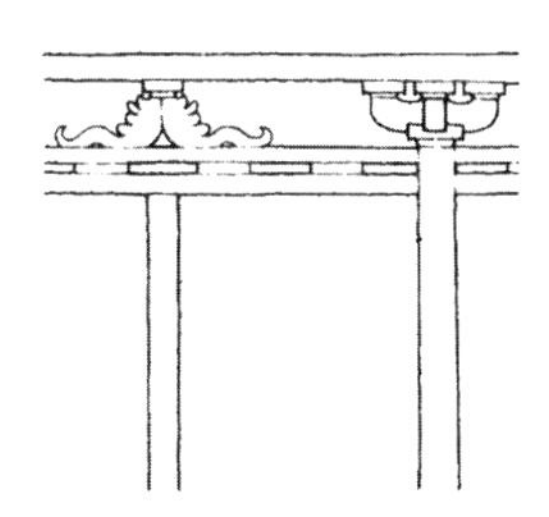
柱头铺作一斗三升，栌斗上出梁头，补间铺作人字拱，柱间施阑额。西安薛莫墓（公元728年）

柱头及转角铺作双抄双下昂补间铺作驼峰上出双抄。
敦煌石窟172窟（盛唐）

柱头铺作栌斗，补间铺作人字拱，上承撩檐方。
太原天龙山隋开皇四年(公元584年)窟

平座铺作柱头出双抄承替木、上层柱头铺作同，无补间铺作
敦煌石窟321窟（初唐）

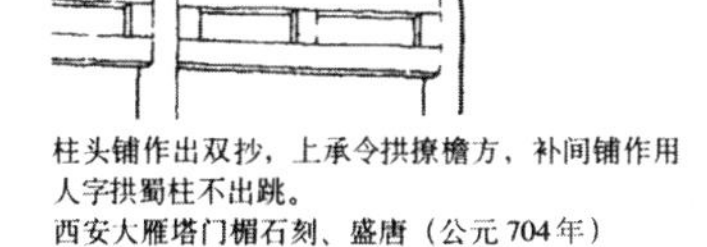
柱头铺作出双抄，上承令拱撩檐方，补间铺作用人字拱蜀柱不出跳。
西安大雁塔门楣石刻、盛唐（公元704年）

图50　隋、唐斗拱

其于殿堂之外檐者，无论构造与外观，均几无区别，仅斗拱之后尾制式不同而已（图51）。室内之内柱也因高度之增加，故柱上承托天花、藻井之内槽斗拱，已无须采用唐佛光寺大殿中之多层叠累形式。而于南宋之殿、塔中，更有施上昂者，尤为前代之所无。但失却斜撑作用之假下昂，亦出现于是时，如构于北宋之太原晋祠圣母殿，其下檐斗拱中，已有此类构造。辽、金之际，建筑之补间铺作，又常施斜出45° 或60° 之拱、昂（此种做法，延至元、明仍有见者）。至于补间铺作之数量，最多不逾两朵，布置较为疏廊宏阔。此时斗拱之详部做法，亦因时因地而

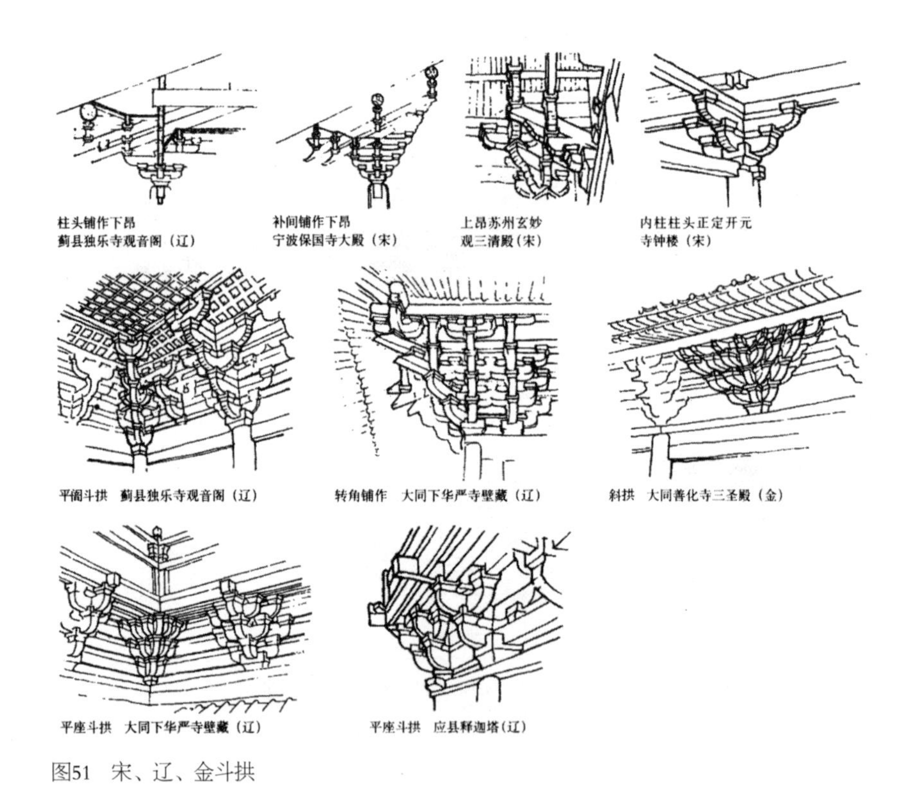

图51　宋、辽、金斗拱

在尺度上产生不少变化（图52）。另如栌斗之形状，除最常使用之方形平面者以外，又有讹角、圆、多瓣形（或称瓜楞）数种。栌斗的各部比例尺寸，已经完全定型，各种小斗（齐心斗、交互斗、散斗）亦复如此，比例尺寸为栌斗的具体而微。仅因使用要求有所不同，其宽窄与槽口略有区别而已。不同种类的拱（泥道拱、瓜子拱、慢拱、泥道慢拱、令拱、华拱）之长度、拱头卷杀瓣数（图55）及安置部位，都已确定。又如昂之制作亦成定规，但外形已由批竹渐变为琴面（图53）。而斗拱最上层水平构件之出头——“耍头”，也大体由“批竹”

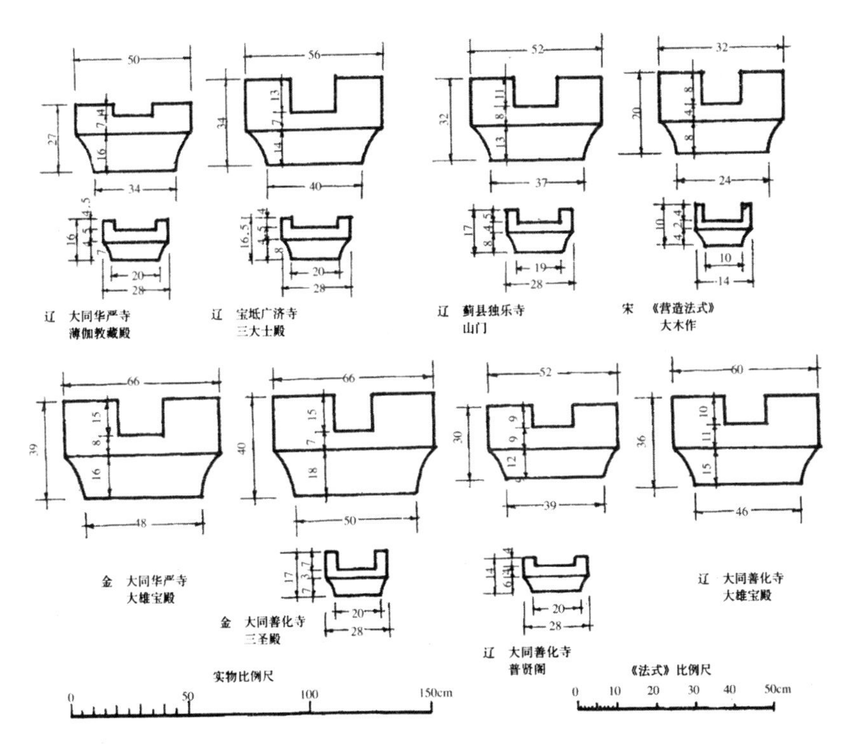

图52 宋、辽、金之栌斗、散斗示例

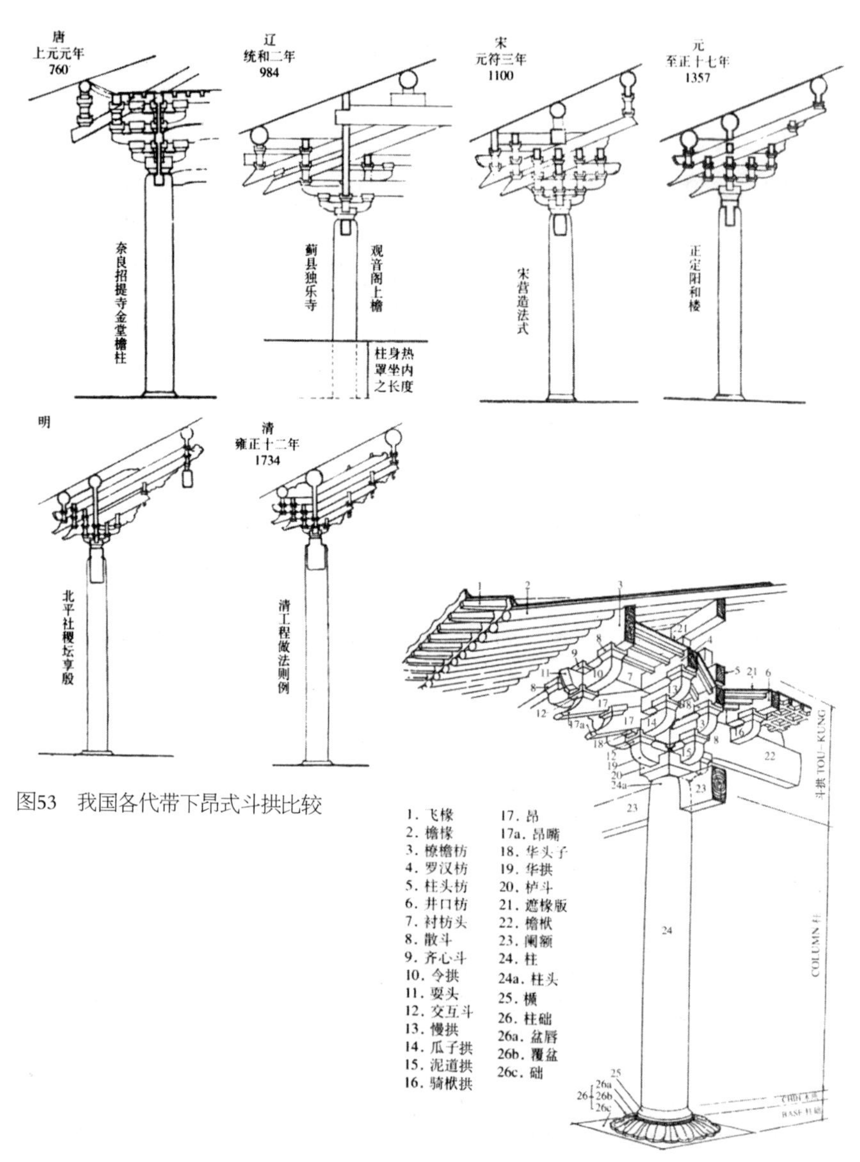

图53 我国各代带下昂式斗拱比较

图54 宋式建筑柱头铺作及檐部构造

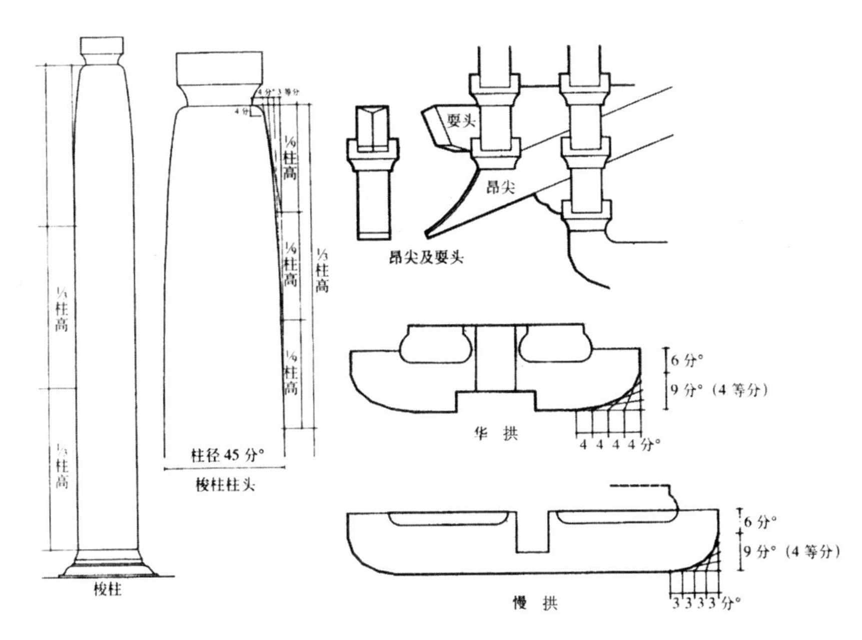

图55　宋《营造法式》构件卷杀举例

形转为“蚂蚱头”形（另又出现多种异变）（图60）。虽然如此，但由于以上各主要单体构件的标准化，不但大大加速了营建中的备料与施工速度，又使得群体建筑（如宫殿、庙宇……）各建筑的风貌趋于统一。

此时斗拱的各种类型亦复不少，有直斗造、斗口跳、杷头绞项造、单斗支替、一斗三升等简单形式，也有自出一跳的四铺作到出四跳的七铺作（《营造法式》中有出五跳之八铺作双抄三昂斗拱之叙述，但未见实物）的复杂组合。依施用部位，有内、外檐、上、下檐及平座斗拱等。按构造简繁，又分单拱造与重拱造，以及偷心造（跳头上不置横拱）与计心造（跳头上置横拱）之做法。

我国传统木建筑斗拱之结构功能与形式，发展至宋代可称已臻极限，以后即逐渐走向僵化与衰落。辽、金时流行之斜出斗拱，于建筑之结构与立面并无大补，然对斗拱本身则是一种不成功的创作尝试，因此终于在实践中归于淘汰。

图56 沁阳紫陵镇开化寺大殿斗拱（元）

元代斗拱之出跳数及用材尺度较宋代又减，依现存实物，其斗拱未有超过六铺作者。除使用假昂及重拱计心造较普遍以外，因大木架中常施天然弯曲梁栿，从而导致在某些部位上采用非正规之斗拱形式，系为前无古人后无来者的做法，如山西洪洞广胜下寺大殿所示。

明、清斗拱之材制尺度日益减缩，故斗拱总的体量亦大不如以前。平身科（即元及以前之补间铺作）数量则相应增加，由明初之三攒（朵）增至清末之八攒（如

图57 正定隆兴寺摩尼殿角铺作（金）

图58 霍山中镇庙正殿斗拱（明）

图59 滋阳娘娘庙牌楼如意斗拱（清）

北京故宫太和殿）。此外，由于柱头科承硕大之桃尖梁头，其下置之十八斗、翘及坐斗等，均不得不自下而上予以拓宽，遂再度形成了柱头科与平身科在体量上的差别。在结构上，真下昂与上昂均已不见。而材制的变小，亦使出跳必须采用足材和计心造。为了便利计算与施工，除了将大木的计量标准由宋制的材（高十五分°）改为清制的斗口（宽十分°）以外，还采取了将单材高度降低一分°，使足材高度成二十分°之整数；定斗拱每攒宽度（即二组斗拱中心线间距离）为十一斗口；以及简化斗欹之内顱曲线为直线等措施。

组成斗拱各构件之名称，清《工部工程做法则例》中与宋《营造法式》亦有甚多区别。如座斗（宋称栌斗）、十八斗（交互斗）、槽升子（齐心斗）、三才升（散斗）、泥道拱（正心瓜拱）、正心万拱（泥道慢拱）、内外拽瓜拱（瓜子拱）、内外拽万拱（慢拱）、翘（华拱或杪、卷头）、昂（飞昂）等等。其局部做法复形成若干差异，如下昂、麻叶头、三幅云，或外形改变，或为宋式斗拱中所未有。

明、清还出现一种溜金斗拱，其外檐部分一如常规施水平之构件，如翘、假昂、蚂蚱头等。但自正心枋后则层叠多层斜向构件（枰杆、夔龙尾等）承托于金檩下或金枋上，结构上作用甚微，只能视作上昂蜕化为装饰之变体。另在牌楼中，又使用了以直拱和斜拱组成的网状如意斗拱（图59），其装饰意图显然较结构作用为突出。

（九）梁（栿）

为水平之承重构件（图61—65）。依据其荷载可分为主要梁栿与次要梁栿二类。前者长度大，多依进深方向，架设于建筑前、后檐柱间，常横跨室内大部（或全部）空间。宋制称梁为栿，并以其上所承椽数之多寡命名；清式则以梁上桁（或称檩）数为准。如为通常之两坡屋面，宋之八椽栿，于清为九架梁，六椽栿为七架梁……如此类推，但最上之三架梁，于宋则称平梁。若为无正脊之卷棚屋顶，则称八架梁、六架梁……最上承双檩者谓之顶梁。次要梁栿，常置于檐柱与内柱（清之金柱）间，且多采取外端承于柱上，内端插入柱中之形式。其名称亦以跨度之长短与所承椽、檩之数量而定。如上承二椽（三架）的，宋称乳栿，清名双步梁；承一椽（二架）的，宋称札牵，清名单步梁。

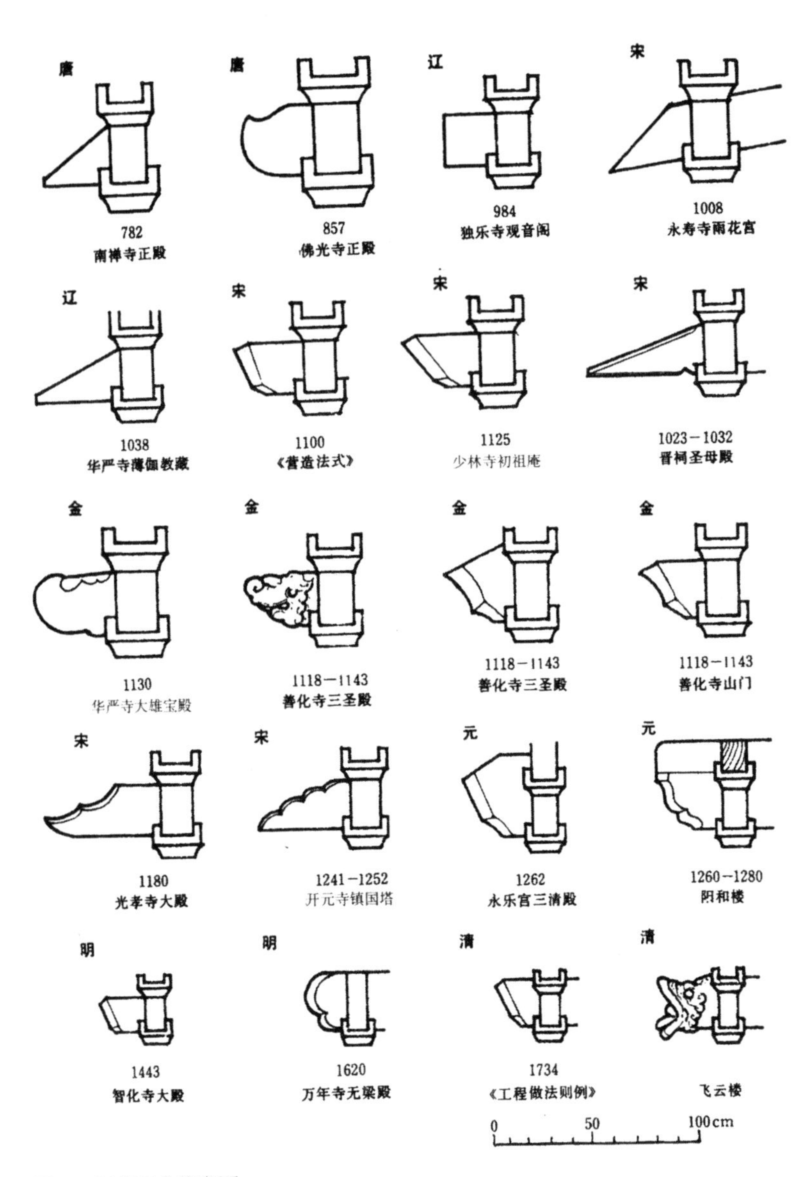
唐
782
南禅寺正殿
唐
857
佛光寺正殿
辽
984
独乐寺观音阁
宋
1008
永寿寺雨花宫
辽
1038
华严寺薄伽教藏
宋
1100
《营造法式》
宋
1125
少林寺初祖庵
宋
1023－1032
晋祠圣母殿
金
1130
华严寺大雄宝殿
金
1118－1143
善化寺三圣殿
金
1118－1143
善化寺三圣殿
金
1118－1143
善化寺山门
宋
1180
光孝寺大殿
宋
1241－1252
开元寺镇国塔
元
1262
永乐宫三清殿
元
1260－1280
阳和楼
明
1443
智化寺大殿
明
1620
万年寺无梁殿
清
1734
《工程做法则例》
清
飞云楼
0
50
100cm

图60 历代耍头演变图

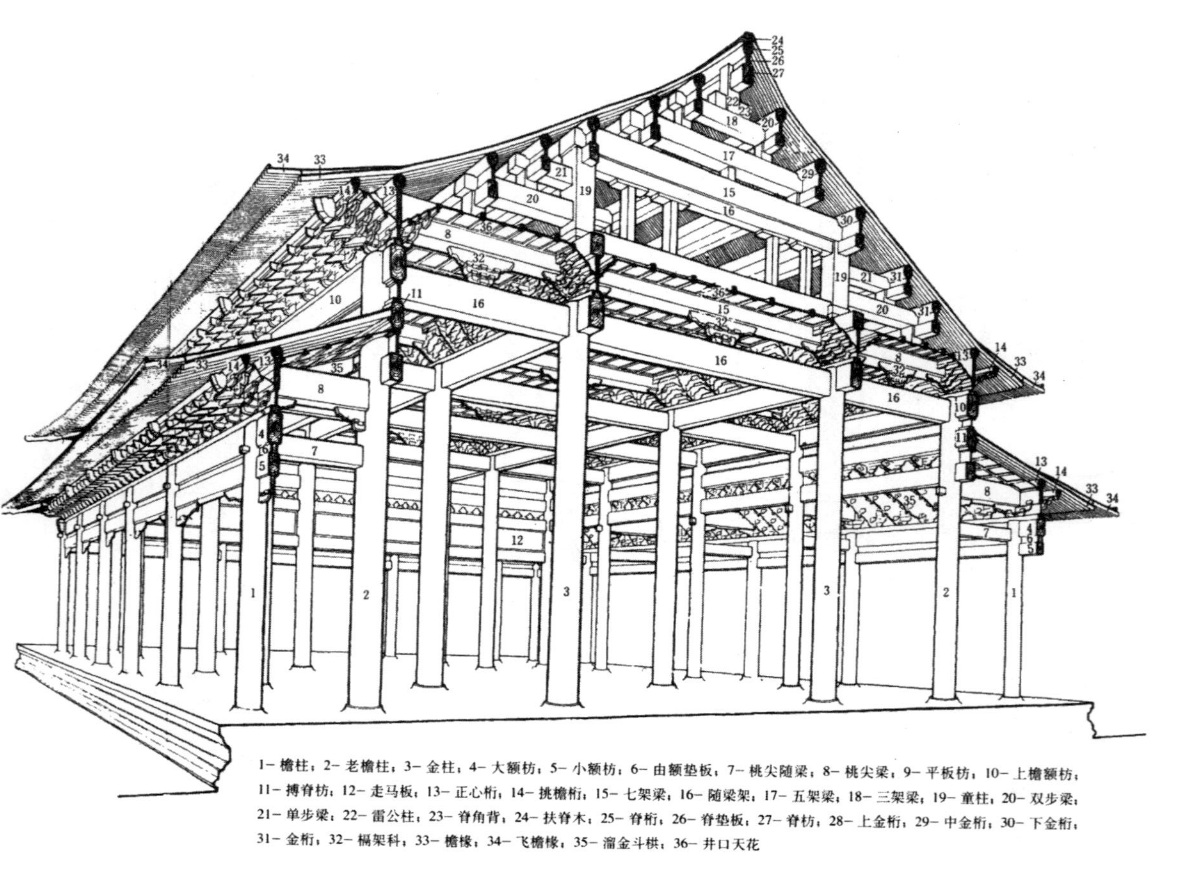

1－檐柱；2－老檐柱；3－金柱；4－大额枋；5－小额枋；6－由额垫板；7－桃尖随梁；8－桃尖梁；9－平板枋；10－上檐额枋；11－搏脊枋；12－走马板；13－正心桁；14－挑檐桁；15－七架梁；16－随梁架；17－五架梁；18－三架梁；19－童柱；20－双步梁；21－单步梁；22－雷公柱；23－脊角背；24－扶脊木；25－脊桁；26－脊垫板；27－脊枋；28－上金桁；29－中金桁；30－下金桁；31－金桁；32－桶架科；33－檐椽；34－飞檐椽；35－溜金斗栱；36－井口天花

图61　北京市故宫太和殿梁架结构示意图

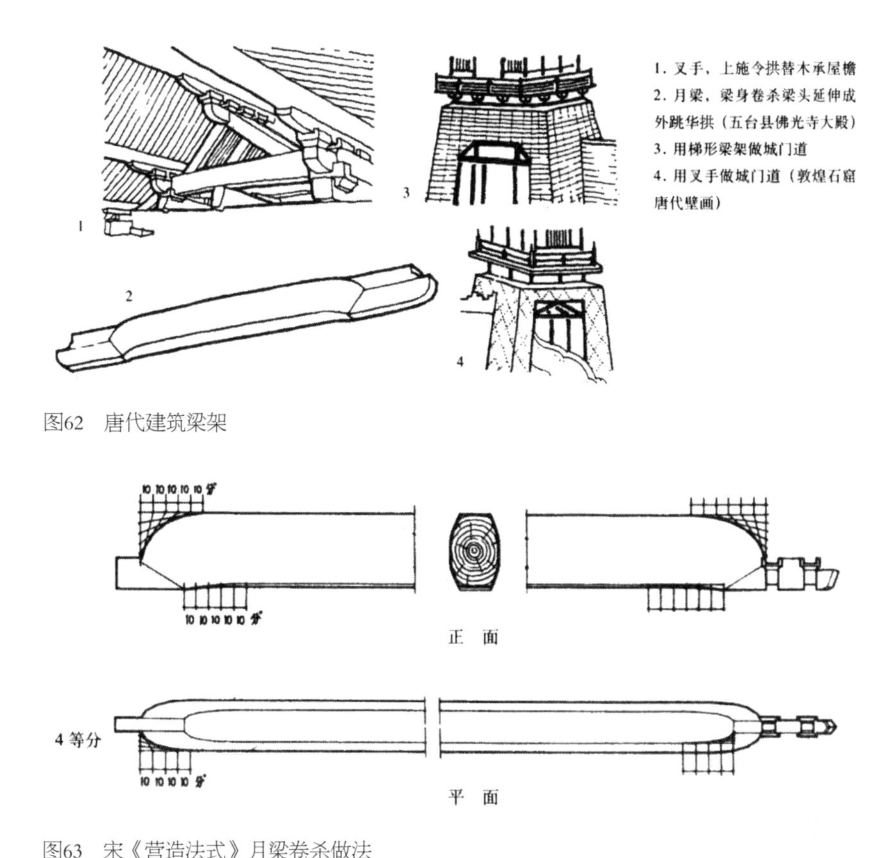

图62　唐代建筑梁架

图63　宋《营造法式》月梁卷杀做法

其余梁栿因所处部位之不同，亦有种种名称。如斜出于屋角45° 者为角梁，宋代或称阳马，一般由二梁相叠而成，其居上者宋名大角梁，清称老角梁；居下者分别谓之小角梁与仔角梁。我国南方又有将仔角梁（江南苏州一带称嫩戗）斜立于老角梁（苏州称老戗）上者，使屋角因此起翘甚高并显得外观灵巧生动，与北方屋角的敦厚淳朴形成强烈对比。若老角梁后再有同方向之梁连续，则称为续角梁，其断面较老角梁

图64　苏州太平天国忠王府大殿梁架

略小。

歇山屋顶（宋称九脊殿）因有收山做法，需在最外一椽屋架与山花间，增加由采步金梁所承托的一椽附加屋架（图66）。而庑殿屋顶（宋称四阿顶）则因有推山，亦需在山面增加太平梁（图66）。现知我国古建筑中，使用九脊殿顶之实例，以唐建中三年（公元782年）之南禅寺大殿为最早。但此殿规模仅三间，而两山收进距离约为次间3/4，采步金梁与主梁架间距离仅80厘米。故结构上只需自角隅置递角梁交四椽栿背，再立蜀柱于递角梁上，承平槫下之交手拱，拱上横陈采步金梁即得。佛光寺大殿之四阿顶木构架，建于唐大中十一年（公元857年），亦为此式屋

图65　大同善化寺大殿梁架（金）

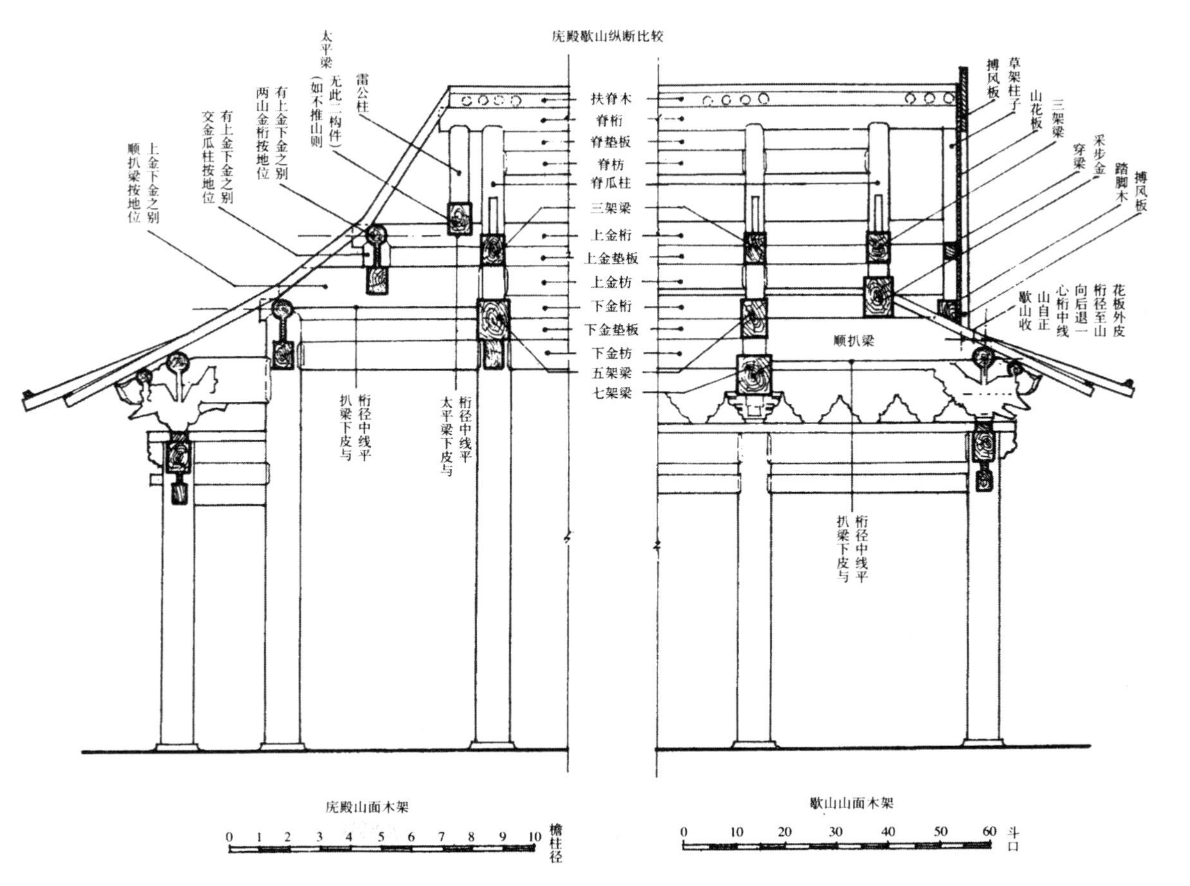

图66 清式庑殿推山与歇山收山做法

架之最早遗物。其推山之太平梁，二端搁置于上平槫上，构造甚为简洁。由上述二例，知采步金梁与太平梁之结构，至少在唐晚期已很成熟了。根据铜器中纹刻所示，四阿顶在周代已很流行，又于汉代重要建筑中大量使用，故可推测太平梁之形成，似不应晚于战国。九脊殿顶出现较迟，初见于大同云冈石窟，是以采步金梁之运用上限，当不致超越北魏。

施于建筑角隅之梁，有抹角梁和递角梁二种。前者在平面上与角梁之方向垂直；后者则与之同一轴向，如南禅寺大殿例。为了结构上的需要，在梁、槫等构件之间，常置有在平面上与其垂直的短梁。此类短梁之两端均与梁栿相交者，名曰：扒梁。两端与槫联络者，称为：顺梁，一端在梁，另端在槫，则谓之：顺扒梁。此外，又有置于梁背，使梁断面增大之缴背。以及置于柱脚间之联系构件地栿。

（十）枋

枋是次于梁栿的水平受力构件，又是大木结构尺度衡量标尺，其于建筑中应用甚广，种类亦多。与斗拱联用的，有柱头枋（清名正心枋），它位于外檐斗拱之横向轴线上，即与檐柱缝之轴线相重合。唐、宋之柱头枋均用单材，其间承以散斗（清名三才升）。而明、清之正心枋则改为足材，其三才升以隐出方式刻于枋间。又因斗拱间置有拱眼壁版，故正心枋厚度较足材另加1/4斗口宽（合2.5分°）。在斗拱内、外端令拱上，或置橑檐枋，如宋《营造法式》所示（明、清则称挑檐枋），其余载于斗拱诸跳头上之枋，于宋名为素枋或罗汉枋（明、清名拽枋），另支托天花者为平棊枋（清名井口枋），而置于斗拱上部之耍头（清称蚂蚱头）及衬方头（清名撑头木）等，均为枋之异形。

（十一）檩（槫）、椽

檩或桁（宋称槫）为屋架之重要构件之一，屋面荷载经此下传至梁及柱。由建筑之断面，得知檩数可自三架多至十余（图67），其名称则由所在位置而定。如有正脊之坡形屋面，其居最顶者，于清式称脊桁或脊檩，在古文献中则谓之栋，宋《营造法式》中名脊槫。置于檐柱上者清名檐桁（檩），宋称檐槫。挑檐枋上为挑檐桁，宋为橑檐槫。位于脊、檐檩之间，谓之金桁，宋曰平槫，依其部位又可分为上、中、下者。若为卷棚顶，最上之二桁并称脊桁，其余均依上述。至于诸桁（檩）之具体位置，则因房屋进深各步架之距离与举架之高低所决定。

所谓步，乃建筑沿进深方向各檩中心线间之水平距离，亦有檐步、金步、脊步之分。宋代建筑各步或相等，或递相增减。清官式建筑，概以每步二十二斗口（即两攒斗拱距离）为标准，然亦有于廊步减半者。各步架之总和，即为建筑之通进深。而屋架之总举高，亦由此而推算得出。如举高为1/3，则由脊檩上皮至前、后檐檩上皮水平联线之垂直距离，为通进深之1/3。其他若1/4、1/2者，皆循此法。

至于各檩之实际高度，则按所在之各步架水平距离，乘以不同之举

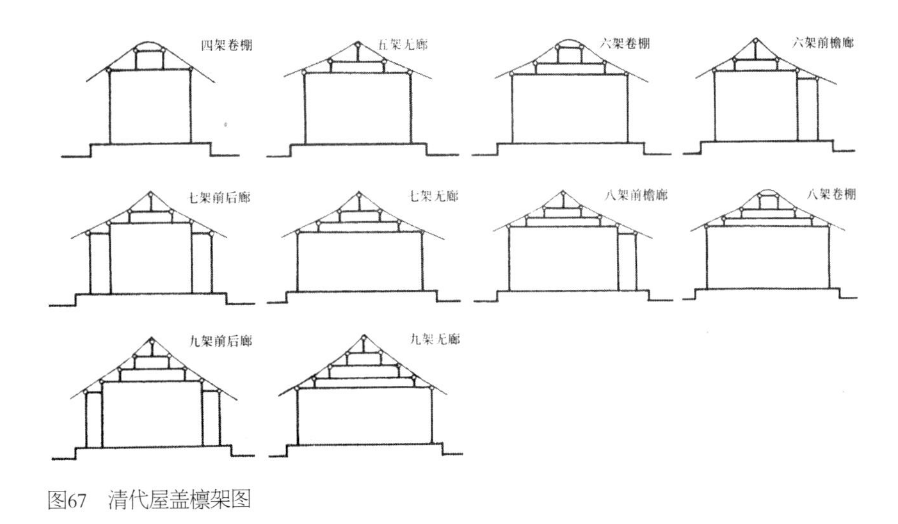

图67 清代屋盖檩架图

高系数，再予以叠加即得。现将清式建筑各举高列表于下：

	飞　檐	檐　步	下金步	中金步	上金步	脊　步
五檩	三五举	五举				七举
七檩	三五举	五举		七举		九举
九檩	三五举	五举	六五举		七五举	九举
十一檩	三五举	五举	六举	六五举	七五举	九举

表中之五举，表示此步之升高高度为水平距离之50%，六五举即65%。余此类推。由此可知各檩之举高，以形成一折线形之屋面轮廓，其坡度愈往上愈陡，系从排除雨雪之实用要求出发。但除亭、塔等攒尖顶外，其余建筑脊步之举高均未有超过九举者，因其不利施工挂瓦也。计算时，由下而上，即先计金檩于檐步处之升高，再逐渐及于脊檩。

宋式建筑屋顶坡度之做法称为“举折”。首先决定建筑屋顶之总举高（如殿阁举高为进深之1/3，筒瓦厅堂为1/4）。然后从上而下，依上平槫降四十分之一中金步……其作图较清式复杂，尺寸亦常非整数，颇为不便。

宋制槫径等于檐柱径，在两材至一材之间。清官式大式之檩径为檐柱径之3/4，即4.5斗口。小式则仍同檐柱径。

椽位于檩上，并与之在平面上垂直相交，是直接承屋面荷载之构件。其种类亦多，在坡屋顶中，最上接脊檩者为脑椽，以下称花架椽，于檐口处名檐椽。檐椽之上，或另置飞檐椽（宋名飞子）。施卷棚顶者，其最上曲椽清称罗锅椽（宋称顶椽）。此外，又有用于室内轩顶之轩椽，外形作多种折曲形状。

现存最早檐椽实例，为汉石室与墓阙檐下所琢刻者，其中尤以四川雅安之高颐阙所置最为逼真。除椽之断面为半圆形，并有显著之收杀以外，其角部之各椽皆作放射状排列。而山东肥城孝堂山石祠，则于檐下浮刻圆椽一列，仅为象征性之表示。甘肃天水麦积山北朝第30窟廊檐下有方形椽形象。又河北定兴北齐义慈惠石柱，上部小佛殿雕有断面半圆之檐椽及扁方之飞子，为此种式样之最早例。而敦煌莫高窟第254窟内人字坡顶下之椽，则为室内所罕见者。唐代之大雁塔门楣石刻佛殿及佛光寺大殿，均施上方下圆之飞子与檐椽，可见已成建筑定制。南禅寺大殿虽仅存檐椽，乃后代重修所致。以后之宋、辽、金、元以至明、清，凡稍重要建筑，无不于檐下用椽二层者，且上方下圆之制，始终遵行而不渝。使用于室内轩顶之椽，如见于江南民间之住宅与园林，皆属明中叶以后。因仅承较轻之望砖或望板，故断面不大，为半圆或扁方形。椽身亦出于装饰，而呈圜曲或折线式样。又流行于苏南、浙江一带之屋角起翘甚高，近屋角之椽且逐渐翘起与仔角梁齐，称为翼角飞椽。

椽之长度依举架及出檐而定，若各步距相等，则檐椽最长，脑椽次之，花架椽又次，飞檐椽最短。椽之直径，佛光寺大殿为15厘米，恰为材高之半，合七分°有半。与宋《营造法式》比较，则小于其殿阁之十分°，而与其厅堂所用七分°至八分°相近。清《则例》则定为1.5斗口，合十五分°，又与唐例雷同。椽身收杀，始于汉而渐隐于金、元，至明、清已不用此法，仅于端部稍作卷杀而已。又搁置于檩上之方式，唐、宋皆采取上、下椽头相错，尔后则将二椽头斜削对接，就构造坚固而言，自是前者为佳，但美观与整齐却不及后者。

（十二）其他大木构件

（甲）叉手

为支撑于脊榑及侏儒柱二侧之斜撑构件。最早形象，见于北魏宁懋石室（现存美国波士顿博物馆）。此建于孝庄帝永安二年（公元529年）之三开间悬山建筑，于山面阑额上，置有短柱之人字拱式构架承脊榑。此虽与唐南禅寺大殿之正规叉手形式不尽相同，且又与佛光寺大殿脊槫下，仅施斜撑而无侏儒柱之构造有别，但其间存在渊源嬗替之关系，殆无疑问。叉手之应用，于宋、辽、金之时甚为普遍。元代外形渐趋细长，如山西洪洞广胜上寺前殿结构；而南方之例，若浙江武义延福寺正殿则予以摒弃不用。明代以降，除个别例外，重要建筑中均未有见者。

叉手之尺寸，宋《法式》规定："若殿阁，广一材一栔；余屋随材，或加二分°至三分°。厚取广三分之一"。而洪洞上寺前殿叉手则大体同单材，由于元代材分尺度已较宋为小，故此项构件之实际结构作用，当可想而知矣。

（乙）托脚

亦为起斜撑作用之构件，其上端托于槫侧，下端承于梁背。现知最早例为南禅寺大殿之唐构，以后之佛光寺大殿及宋、辽、金诸代大木中均用。元代有用与不用者。明、清基本绝迹。

托脚之制作，于《营造法式》卷五·大木作制度（二）有载："凡中、下平槫缝，并于梁首向里斜安托脚，其广随材，厚三分之一；从上梁角过抱槫，出卯以托向上槫缝"。

（丙）驼峰

置于蜀柱或斗拱下以承诸槫（图68），实物以南禅寺大殿中为最早。以后各代建筑均用，惟尺度与形式有所变化。见于南禅寺大殿者有二种：一在平梁中央，上承侏儒柱，其形状较扁平，两肩各雕出瓣四道以为装饰。另一在四椽栿上，以栌斗、令拱承平梁，其体积较高阔，两侧饰以入瓣及枭混线。而佛光寺大殿中，则将枋或华拱之尾端，延出作半驼峰以承交互斗及令拱。辽之驼峰有用低平之枭混线外形者，如山西应县佛宫寺塔。亦有用直线之梯形，如辽宁义县奉国寺大殿。宋代实物以出瓣或入瓣加两头卷尖形状者居多，有鹰嘴、掐瓣、笠帽等数种，如山西太原晋祠圣母殿、河北正定隆兴寺转轮藏殿等处之实物，以及《法式》之载述。金代驼峰式样亦众，除若干沿用前代各种形状外，亦有自

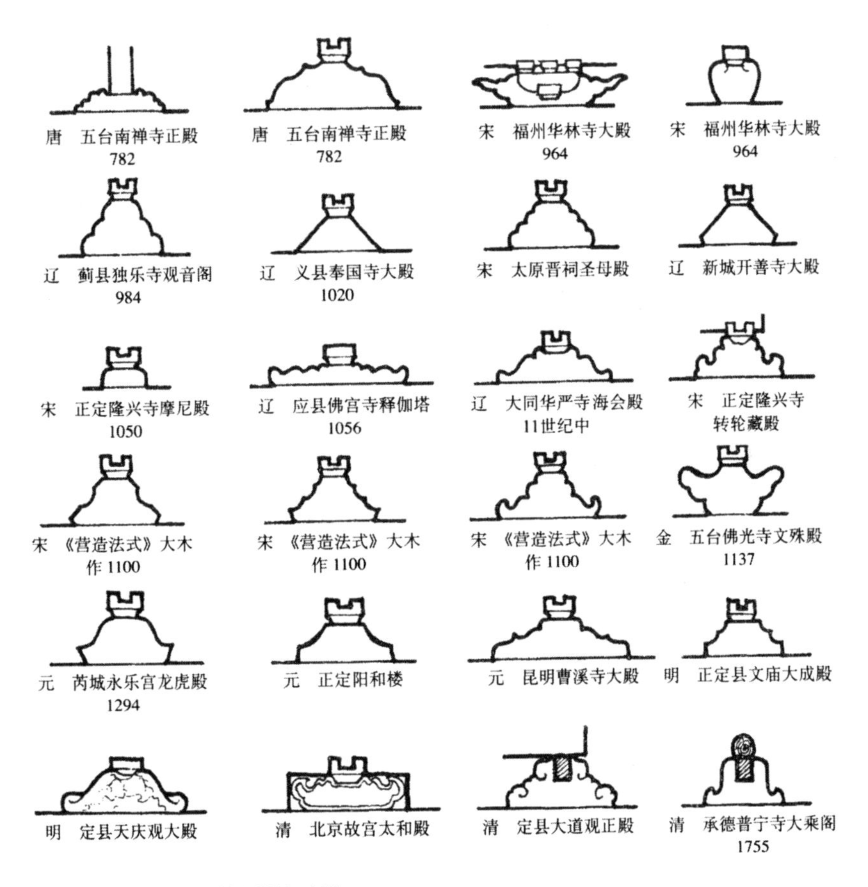

图68　历代驼峰（柁墩）做法示例

身之创改。如晋祠献殿承平梁者，其高度已逾70厘米，两侧密饰出瓣，下再施枭混线与直线。元代则趋于简单，使用出瓣、入瓣的已不多见。明、清则多用云纹或荷叶墩等式样。

在施天花、藻井之非彻上明造时，其草架梁栿下，常用方木及矮柱墩添以代驼峰，取其施工简易与无需作任何装饰加工也。

（丁）合楷

置于蜀柱下端两侧，使其固定于梁上之构件。建于北宋之河南登封少林寺初祖庵，其合楷外形甚为简单，如一倒置之实拍拱。隆兴寺摩尼殿合楷施两曲卷杀，晋祠圣母殿施四出瓣。金代山西朔县崇福寺弥陀殿为削角之矩形，而佛光寺文殊殿则作二瓣之鹰嘴驼峰式样。元代有矩形、弧形（近1/4圆）及折线形等。

四、围护结构

建筑的围护结构，乃是人为之构造物，用以保障居室内之安宁，不受外来各种因素之侵袭。总的来说，不外墙壁与屋盖两大类型。惟本节所述，仅系与建筑单体有密切与直接关连者，若城垣、围墙、栅篱等，均未在其列。

我国传统建筑墙壁及屋盖，若依其结构方式，可分为柱梁、墙体、拱券、穹窿等多种。依结构荷载，有承重与非承重之别。按建筑材料，则有土、石、砖、木、竹、草、金属等等。

（一）墙壁

墙壁为建筑之外围与内部之屏障及分隔物，依其部位可分为檐墙、山墙、屏风墙、隔断墙、坎墙等。除原始社会建筑所用之木骨泥墙外，墙身所使用之材料以土、砖、石为多。其中土墙出现最早，大约在商代即已使用，至今于我国农村中，还相当普遍。其方法是在固定的两块木板之间，填入松散土壤（有的加石灰少许，北方称为“灰土”。或采用石灰、砂、碎石之“三合土”），铺平后再用墙杵夯实。如此层层而上，直至达预定高度为止。此种夯土墙垣，至少在唐代还用于重要建筑，如长安大明宫麟德殿之例。而今日所见福建崇安客家土楼建筑之外墙，高可十余米，有经二百余年而未损者。此外，又有在泥土中掺入截短之稻草及水，将其置于木模中制成砖形，然后候其自然干燥（如经日晒），再予使用的，谓之土坯砖。现存古例如山西大同善化寺大雄宝殿（金）、北京护国寺土坯殿（元）（图69）等。为了加固墙身，常于内中加木板或木架的（图70）。土墙之最大缺点为防水性能差，潮湿时承受水平推力及冲击力之抗力强度大为降低，但适量加入若干掺料后，可改善其防水性能。

石墙之应用在我国不及土、砖墙之普遍，其简陋者以乱石叠砌或干摆，较考究者则使用整齐之石条或石板。早期之例，见于汉代石墓，如山东沂南画像石墓，即用石条砌造。而肥城孝堂山石室，亦用石材构为墙壁及屋顶。其他实例，如山东历城隋神通寺四门塔、山西平顺唐海会院明惠大师塔、江苏南京南唐栖霞山舍利塔、福建泉州南宋开元寺双石塔等等均是。今日我国农村建筑有全部墙身俱用石砌者，见于西藏、四川、福建、山东诸地。亦有部分用石，部分采用砖、木者。如福建山

图69　北京护国寺土坯殿墙内木骨

图70　河北蓟县独乐寺观音阁墙壁构造

图71　四川夹江民居竹笆墙

区，仅于坎墙处使用石板之民居，随处可见。

砖墙以实砌为多，东汉砖券墓中墙体均采此种形式，如洛阳烧沟汉墓所示。其砌法多用顺砖错缝。而他处汉墓，如河北望都，有四层顺砖之上再砌一层丁砖，直至一层顺砖一层丁砖之多种砌法。

战国至西汉初期，中原地区常使用大型板状之空心砖作为墓室之构材。此项砖的长度在1.3—1.5米之间，宽度不大于50厘米，厚度则在15厘米左右。将其侧放与平置，以为墓室之侧壁、地面与顶盖。后来又出现具有榫卯之板状及条状空心砖。

以小砖砌作空斗形状之墙壁，出现较迟。空斗中可填充土或碎砖石，亦可不填。总的说来，它的承载力不强，常作为民间木架建筑之外墙。江南所用之此类砖尤薄，仅2厘米左右。

现就常见的几种墙壁的清式做法，介绍如下：

（甲）硬山山墙

依山面墙壁外观，可自下而上划分为群肩、上身与山尖三大

图72　山西榆次永寿寺土坯填充墙

图73　江南民居墀头及檐下做法

部分。

1.群肩　即墙裙部分，其高度占檐柱高之1/3。最上施水平之腰线石，尽端角隅置角柱石，其间多砌以清水砖或石。

2.上身　为群肩以上、挑檐石以下之墙身部分。高度为檐柱高之2/3。厚度按檐柱直径二倍加二寸，较群肩略为收进（清水墙收3—4分，混水墙收7—8分）。

3.山尖　为上身以上，山墙顶端之三角部分。高随屋架举高，厚同上身。此部自下而上，首置断面呈倾斜状之拔檐砖两道，以利排水。再施由水磨砖制之搏风板，其近檐口之端部，做成霸王拳式曲线。最上砌披水砖，有时亦采用有垂脊之排山形式。

山面挑檐石转至正面，于其上置一倾斜之戗檐砖，通称“墀头”（图73）。此处砖面多浮刻人物、花鸟或植物图案，为墙头装饰重点所在。

图74　“五山屏风”式山墙

南方城镇人口密集，为防止火灾，常将山尖部分向上伸延，高出屋面甚多。并将墙头做成递落之三段或五段形式，称为三山或五山屏风墙（图74）。或将墙头做成弧形，如四川称之为“猫拱背”，江南谓之“观音兜”者（图75）皆是。

（乙）封护檐墙

可施于多种建筑，应用甚广。其特点为将墙头做成外突之叠涩（或加菱角牙子）及枭混线脚，直抵檐瓦之下。从而使梁头及柱均为墙所封护。

（丙）签肩墙

应用亦广。墙头止于檐枋之下，然向外倾斜并稍凸出于墙身，此种做法谓之“签肩”。建筑之柱头、梁端及檐枋均暴露在外。

（丁）五花山墙（或三花山墙）（图76）

仅施于悬山建筑之山面。此墙之外形亦为多层递落之阶级形，墙头作成签肩式样。其水平之顶部贴于各步架梁栿之下皮，而垂直者则与各山柱之中心线重合。二者均于梁栿

图75 “观音兜”式山墙

图76 大同华严寺海会殿三花山墙

下及檐柱处稍向外伸出。各步梁栿以上至椽间，实以垂直之象眼板，亦髹以丹朱色。

（戊）坎墙

多置于檐下之次、梢间，以承室窗，故高度仅及人腰。一般砌以条砖，讲究者用磨砖对缝。亦有以土坯填塞（图72）或施石板竖置以代砖墙者，后者多见于盛产石材之地方民居。

（己）竹笆泥墙

南方气候较暖，其使用穿斗式结构之地方建筑，内、外墙常用竹片编织，置于柱、穿间之空隙，然后两面抹泥使平，待干后刷白（图71），甚为经济、实用。

（庚）木板墙

可作外墙，亦可作内墙。木板多垂直放置，鲜有若西洋之横向施鱼鳞板者。使用地点亦为南方民间建筑。如皖南民居，除堂屋之板屏及与左、右侧室之隔墙均用木板外，其侧屋及厢房面临内院之墙壁，亦有为木构者。

（二）屋盖

中国传统屋盖之外形式样甚多，其类型及特点已在序言中予以介绍。所依之结构形式，则有木架、密梁、平板、拱券、穹窿等数种。

原始社会建筑，如分布于河南、陕西、山东之仰韶与龙山文化时期者，因已采用简单之绑扎木架，故半穴居之屋顶形式，为圆形或方形之攒尖。而地面建筑则渐使用两坡及四坡顶。大概到了商代，屋檐下施用引檐，从而出现了重檐屋盖。这些形式，于汉画像石、墓阙、明器及石祠中均有表现（图77）。九脊式屋盖至迟已出现于南北朝，云冈石窟雕刻中已见（图78），后代则大量使用（图79、82）。攒尖顶最早见于汉陶屋明器，后边亦屡见不鲜（图83）。硬山之使用最晚，描绘北宋汴京

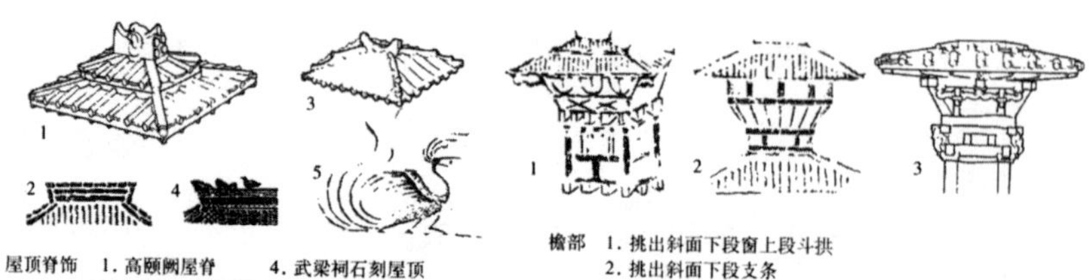

屋顶脊饰 1. 高颐阙屋脊 2. 两城山石刻屋脊 3. 明器屋脊 4. 武梁祠石刻屋顶 5. 四川成都画像砖阙屋脊上凤

檐部 1. 挑出斜面下段窗上段斗拱 2. 挑出斜面下段支条 3. 挑出斜面及斗拱

图77　汉代屋画

歇山顶　用鸱尾、屋脊有生起曲线。河南洛阳龙门古阳洞

庑殿顶　屋脊有生起曲线。河南洛阳龙门古阳洞

庑殿顶　用鸱尾、脊上有鸟形及火焰纹装饰。山西大同云冈9窟

屋角起翘　河北涿县旧藏北朝石造像碑

屋角起翘　河南洛阳出土北魏画像石

图78　南北朝屋面

市街之《清明上河图》,尚未有此类形式，估计当在陶砖已大量应用于建筑之际，即南宋或更迟。工字形组合屋顶至少在宋已有，后沿用于元、明、清（图81）。密梁式结构之屋面多为平顶，通行于我国少雨之华北及西藏地区，现有建筑均为明、清所建。至于地面建筑使用砖石砌造之拱券、穹窿者，实物亦未超过明代。除伊斯兰建筑若礼拜寺外，其用于佛殿、藏经楼……均另加攒尖、歇山或庑殿等式屋顶。故其结构与外形，并非一致。

屋面之铺材，自仰韶时期至商代，仍以茅草为主。西周渐有陶瓦，开始数量不多，至战国逐步普遍及于宫室。檐端之筒瓦，已具半圆形及圆形瓦当（图86），纹样亦有同心圆、藏纹、动物等。为使瓦得以固定于屋面，又于筒瓦背部预留孔洞，以供插入特制之陶瓦钉。汉代板瓦之宽度一般为筒瓦宽之二倍，但少数较阔，约为筒瓦之三倍。依山东肥城

前面建筑屋檐平直，补间用一般人字拱。后面建筑屋檐起翘，补间用加装饰的人字拱
长安县韦洞墓壁画，盛唐，公元708年

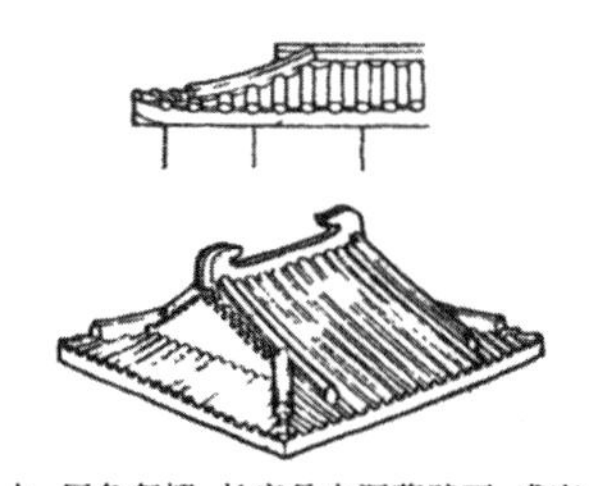

上，屋角起翘，长安县韦洞墓壁画，盛唐。
下，屋檐平直，屋顶有鸱尾
河南博物馆藏隋开皇二年石刻（公元582年）

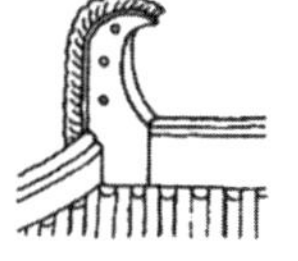

上，脊头瓦的应用，敦煌石窟壁画
下，脊头瓦
西安唐大明宫重玄门遗址出土

上左，鸱尾，西安大雁塔门楣石刻
下右，悬鱼，唐·李思训《江帆楼阁图》
下，板瓦屋脊及歇山做法，五代·卫贤《高士图》

图79　隋、唐、五代屋面

孝堂山墓祠，其不厦两头造屋盖（悬山）之两端，已做成排山形式，并有45°斜脊之初步表示。正脊施水平线脚数道，似表示为叠瓦做法，接近脊端处则微微起翘。瓦当作圆形。板瓦于檐口处均平素无饰，未见有若后世之垂唇或尖形之式样者。瓦当图案以蕨纹为最多，另有四神、宫苑官署名（如黄山宫、上林等）及吉祥语（如千秋万岁、富贵万岁、长乐未央等）（图86）。大约在唐代，才出现了垂唇板瓦，瓦当纹样则以莲瓣、宝珠最常见。宋代瓦当以莲瓣和兽面两种装饰为普遍（图80），其板瓦之滴水外形，除仍用垂唇外，一部已呈尖形。至于琉璃瓦之应用，最早之记载出于北朝，如宫中即有以五色琉璃作行殿者。而《北史》卷九十·何稠传，亦有施作绿琉璃之叙述。后至唐、宋，应

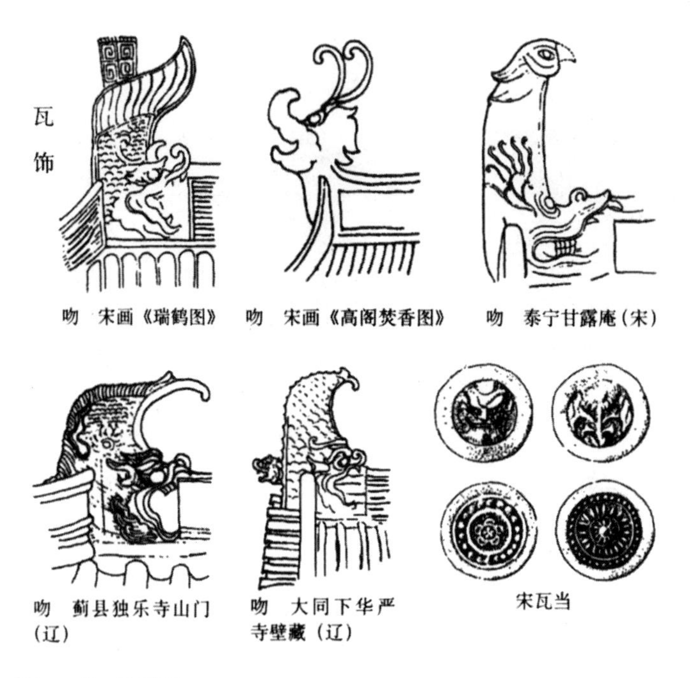

图80 宋、辽屋面

用渐广，色彩至少已有蓝、绿两种。根据唐三彩之制作水平，估计当时琉璃瓦之种类恐不尽乎此。元代琉璃之水平更有提高，屋顶上使用筒子脊，大概即在此时。且脊上浮隐各种动、植物图像，异常生动。山西各地所存诸例，尤可作为代表。明、清两代建筑琉璃之生产及使用，达到自古以来之顶峰。颜色亦甚为丰富，有黄、绿、蓝、黑、褐、紫、白、桃红等多种。其中对不同色彩使用的范围和等级，亦有明确规定。如黄色等级最高、绿色次之……施剪边者亚于全色；角脊兽则以数多者为上；……等等，都表明了封建等级制度在建筑中的反映。此外，极少数建筑，有铺以铁瓦或铜瓦者，或再于其上鎏金，如承德须弥福寿庙妙高庄严殿所示。至于全国各地之民间建筑，犹使用茅草、竹、树皮、石板

图81 正定小关帝庙工字殿顶

图82 北京官式建筑歇山顶

等作屋面铺材的，为数亦多，本篇暂予从略。

然而屋面之装饰重点乃在于屋脊。在汉代石阙及建筑明器中都有不少表现。唐、宋以降，主要建筑正脊之鸱尾，更形成了多样变化（图79、80）。而民间建筑，则以屋角之起翘取胜，尤以江南为最（图84、85）。

五、小木装修

（一）门

门户为建筑物中供交通出入之通道，并具有启闭之功能。是以城市、村镇、宫殿、坛庙、官署、寺观、园苑、住宅、祠堂等均予设置（图87—90）。我国古代对门与户有着不同的概念，门多指建筑之主要出入口，常为双扇或更多。户为小门，位于较次要部位，且以一扇为常见。

图83 成都青羊宫屋脊

图84 苏州园林屋脊

衡门恐系最早之室外大门形象。其结构为于入口两侧立柱，柱头上架一通长之横木。柱间之门扉，可能为板门或栅栏。此式门自上古以来，沿用颇久。我国历代绘画中，表现高人逸士之山居野处，亦常采用衡门形式。而至今较偏僻之农村中，犹有见者。

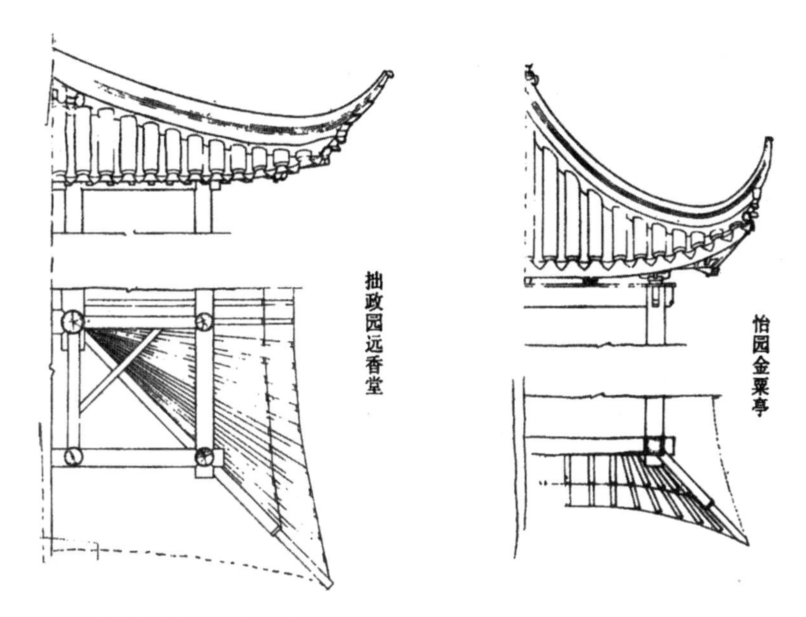

图85　苏州民间屋顶角部二种做法（右为嫩戗发戗，左为老戗发戗）

衡门后经发展，成为见于隋、唐绘画中贵族住宅之乌头门。此门以二侧门柱头上，置有髹为黑色之陶罐为饰，故有是名。大门门扉上部施直棂，下部实塌。若门道较宽，则其间可再增二柱，大门亦由两扇改为四扇（中间二扇，两侧各一）。观敦煌壁画中所绘之唐代住宅，其门有抹头、直棂格心、腰华板、附门钉之裙板等。而门柱于乌头之下外侧，又置有短木为饰，遂开后世日月板装饰之先河。

现存于苏州府文庙之宋刻《平江府图碑》，其于各坊之入口，建有坊门。形式为二侧立上悬短木之门柱，柱间置二横枋，其间实之以书有坊名之木板。牌坊之最初形式，恐出于此类坊门之应用。山西永济永乐宫（现迁芮城）之元代壁画，其表现园林之一幅，亦有类似此种门坊之形式。尔后添加屋顶、增扩开间，发展成为牌坊或牌楼，其功能已不仅

图86 战国、秦汉砖瓦纹样

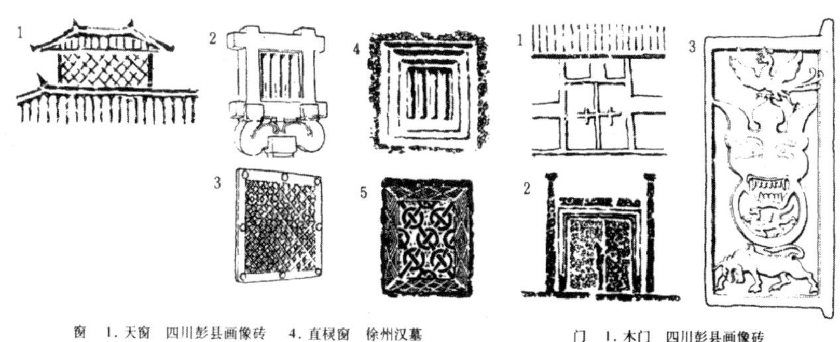

图87 汉代建筑门、窗

限作入口之象征矣。

乌头门进一步发展为使用于祭祀建筑之棂星门。实例可见明、清北京天坛、社稷坛及各地之孔庙。此门可单独使用，亦可组合使用。后者多用三门，门间联以短垣。其用于帝王陵寝者，又称龙凤门，如北京昌平明十三陵即是。

板门之使用亦早。一种由大边、抹头等构件先组成门扇之框架，再钉之以板，称为棋盘门。其最早形象见于西周铜器兽足方鬲，以后之汉画像石中亦屡有表现。现存实物如山西五台佛光寺大殿之殿门，即为此式构造。其门板后列横楅五道，各以铁门钉十一枚与门板紧联。另一种不用门扉框架，门扇全由较厚之木条若干组成，其间联以穿带，并将穿带一端插入附门轴之大边内，上、下亦不置抹头，此种

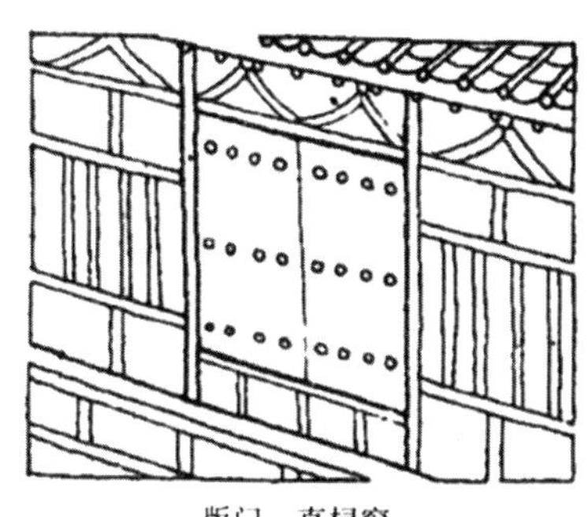

图88 北朝建筑门窗

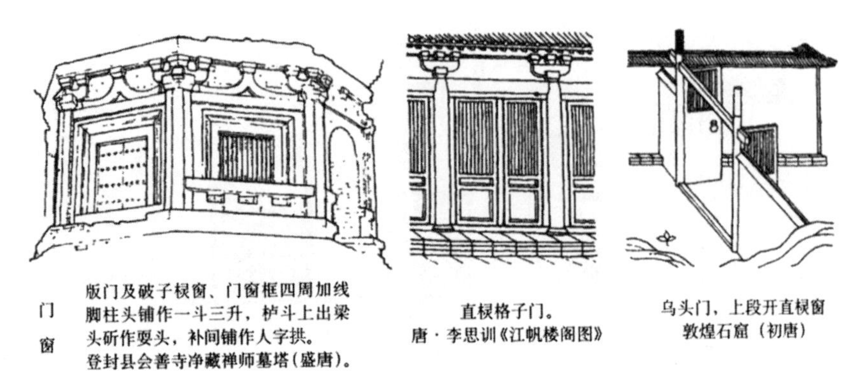

图89 唐代建筑门窗

门称“撤带门”。如城门、寨门等需加强防御处多用此门。此类门除木制者外，亦有全用石板者，但多用于墓中（图94）。

槅扇门较为轻巧，由边梃、抹头、槅心、绦环板、裙板等组成，常用于单体建筑之外门或内门。宋代称“格子门”，因其槅心部分多施

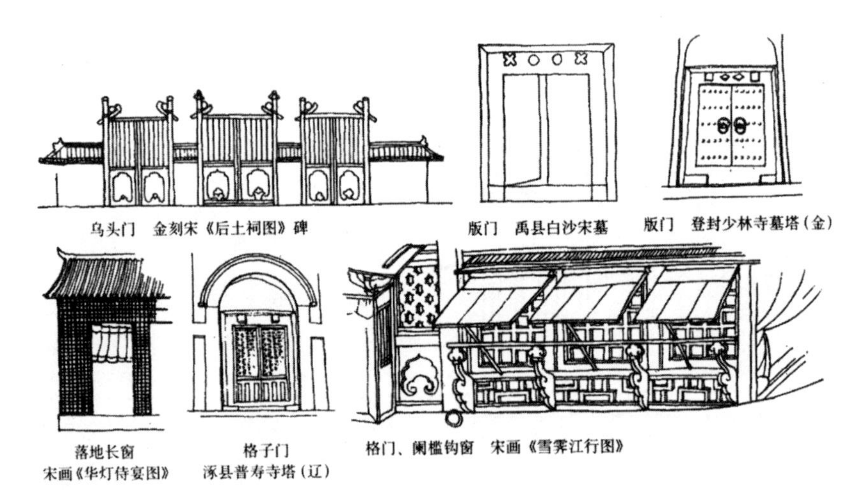

图90 宋、辽、金建筑门窗

方格。然《法式》所载，并有球纹等多种纹样。而辽、金槅心装饰则进一步精致华丽。现存木构实物如山西朔县崇福寺弥陀殿诸槅扇，皆金代所构，有四椀菱花、六椀菱花等图案。其于墓中施砖刻仿木门、窗者，精丽程度尤胜上述木构，如山西侯马董氏墓中所见，除槅心施龟甲纹、十字纹、八角纹……外，于障水板壶门中所雕人物、花卉，亦极秀美生动。宋代格子门之尺度，依《法式》规定，高六尺至一丈二尺，一般在一丈左右。每扇宽度随所在开间而定，均分为二、四、六扇，一般约为三尺。其构造除门桯（即清之边梃）与上、下抹头外，并施腰串（清式称抹头）、腰华板（即清之绦环板）、障水板（即清之裙板）等。门之各部比例，“每扇各随其长，除桯及腰串外，分作三分，腰上留二分安格眼，腰下留一分安障水板”。由此可知格眼（即清之槅心）所占高度，约为槅扇全高2/3。金崇福寺弥陀殿格子门（图91）之比例，亦复如是。而侯马董氏墓中，格眼仅占全高1/2。此与清官式小木作中占3/5之比例，较为接近。后世之槅扇门，其抹头数及绦环板数皆有所增加，如宋、辽、金之三抹头、四抹头（均包括腰串在内）。明、清时格子门已很少见，槅扇一般以六抹头、三绦环板者为普遍。门之装饰，除集中于槅心、绦环板与裙板处，并在边梃及抹头表面隐压混面、枭面与线脚，有的还在其转角处包以称为“角页”的铜饰。

（二）窗

窗于建筑除具通风、采光、瞭望等功能，还是建筑自身美化重要因素之一。故其比例尺度、构造形式与所处位置之选择，均甚为关键。

原始社会建筑之窗，如西安半坡聚落之住所，系利用其两坡或攒尖屋顶上部作为通风、排烟及采光之用。此类原始手法至今仍有应用者，如蒙、藏及新疆若干兄弟民族之帐幕即是。

十字棂格之窗，以西周铜器兽足方鬲之形象为最早。而汉明器及画像

图91 山西朔县崇福殿弥陀殿金代门窗

砖、画像石中，则有直棂、卧棂、斜方格、锁纹等式样。其中尤以直棂窗最为多见（图89、90）。后经南北朝迄于唐、宋，一直成为我国建筑窗扉的主要形式。直棂窗的缺点在于它的固定与不能开启（图92），以致阻碍了人的视线和活动。支窗的形象虽已见于汉明器，至宋发展为阑槛钩窗。

图92 河北正定旧县府大堂直棂窗

图93 北京护国寺廊屋槅扇及槛窗

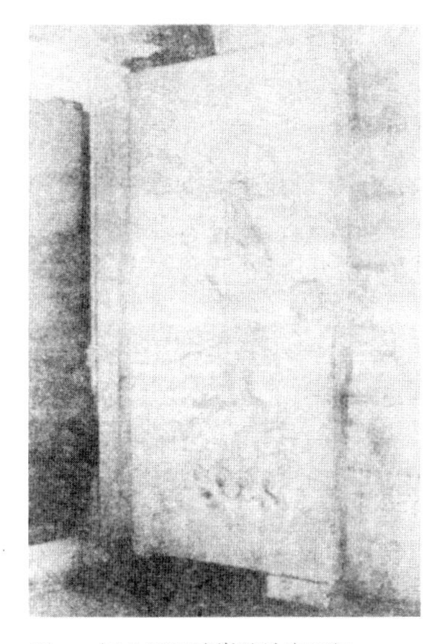

图94 河北易县清崇陵地宫石门

图95 苏州拙政园留听阁窗下木雕

但在建筑中仅处于相当次要地位，应用范围不广。洎宋代起，槅扇窗逐渐取代直棂窗而跃居诸窗之首，除具启闭便利，其格心与腰华板等处产生之装饰效果，自较朴素楞木不可同日而语。此或与宋、金社会崇尚奢华，有所关连焉。而此种装饰制式，亦沿用直至今日（图95）。

宋《营造法式》中之直棂窗，有破子根窗（将方木条对角锯开，即成两根三角形断面之棂条，用以为窗，故名）与板棂窗两种。其破子棂窗高四尺至八尺，广为开间之1/3—2/3。板棂窗高二尺至六尺，广约为开间2/3。但实物之做法不尽于此，如山西五台唐佛光寺大殿及太原晋祠北宋圣母殿，其直棂窗皆占通间之广，由此可见一切规章制度，均未能全部予以概括也。另外，又有将棂条作成曲线形状，如《法式》卷六・小木作制度中之睒电窗及水文窗。窗高二至三尺，广约为间面阔之2/3，多用于“殿堂后壁之上，或山壁高处”。亦可作“看窗，则下用横钤、立旌，其广、厚并准板棂窗所用制度”。至于门、窗之横披，最早之例见于南京栖霞寺南唐所建之舍利塔，其板门上横披窗之棂格作六角龟纹式样。尔后明、清建筑中，横披棂格所采用纹样，大多与其下之槅扇棂格一致，如方格、菱花等。窗扇之划分，宋式阑槛钩窗每间划为三扇。明、清之槛墙支摘窗，则分为上下、左右四扇（图93）。槅扇窗依开间之广狭，有置四扇或六扇者。此类窗之构造与形式，与槅扇门基本一致，仅缺裙板以下部分。为取得与槅扇门外观统一，各门、窗之抹头、槅心、绦环板等，均须位于同一水平。而槅扇之名谓，亦因抹头之多寡决定。为了隔绝外界的风砂等自然干扰并取得最可能大的照度，常在槅扇的内面裱糊一层白色的棉纸。讲究的做法，则用小块磨光的蚌壳，嵌于槅心之棂格间。作为室内隔断的槅扇，亦有用薄纸或绢等织物，固定于棂格上者。

（三）天花、藻井

天花与藻井具承尘、分隔室内空间及装饰之功能。虽同属室内上部之小木构造，但又有若干区别。天花多呈平面形状，构造较为简单，种类有平棊（大方格）、平闇（小方格）、覆斗形数种。藻井呈层层凹进形象，构造较复杂，种类有斗四、斗八、圆顶、螺旋等。

汉代天花、藻井（图96）见于墓葬者，如四川乐山崖墓之覆斗天花，山东沂南画像石墓之斗四天花及镌有巨大莲花之方形天花。而汉文献中亦不乏此类之叙述，如刘梁《七举》、王延寿《鲁灵光殿赋》、孙资《景德殿赋》等。北朝石窟中，除仍有覆斗形天花（山西太原天龙山石窟）与方形平棊（甘肃敦煌莫高窟第428窟），又有长方形平棊（甘肃天水麦积山石窟5窟）及人字披（甘肃敦煌莫高窟254窟）等形式（图97）。此项间接遗物于南朝则未有留存。仅沈约《宋书》卷十八·礼志中，有“殿屋之为圆渊、方井，兼植荷华者，以厌火祥也”之语。可知天花、藻井之属，于当时官式建筑中亦常使用。

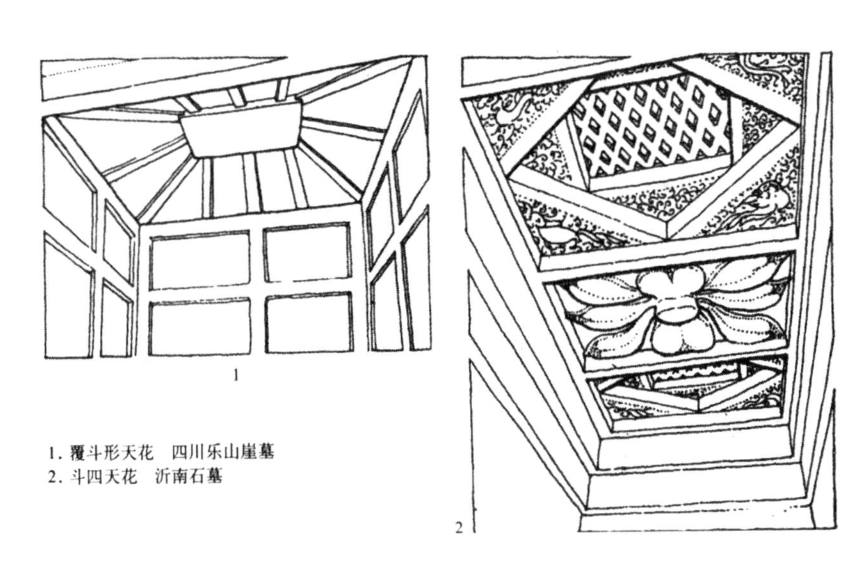

图96　汉代天花、藻井

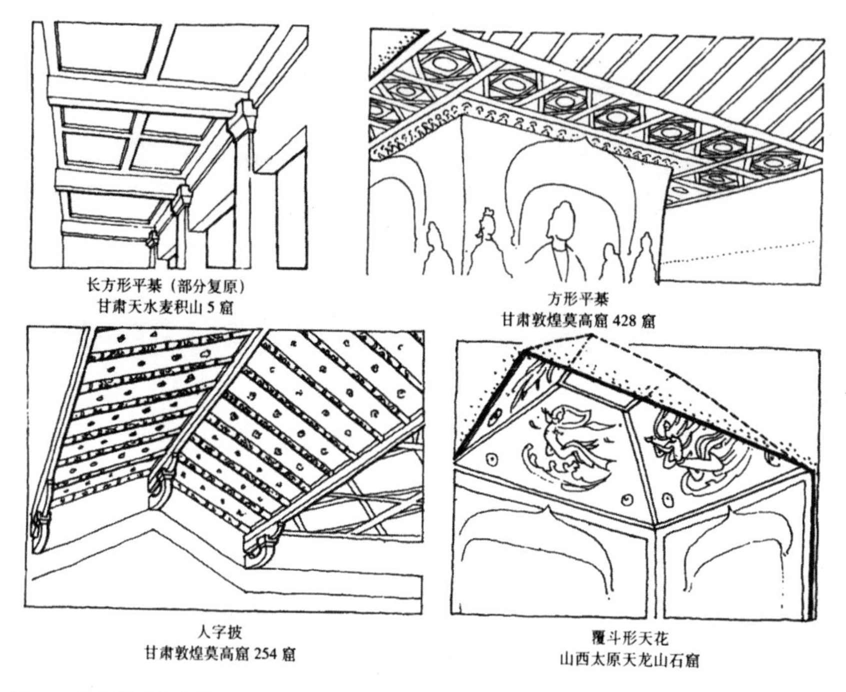

图97　南北朝天花藻井

唐佛光寺大殿（山西五台，公元857年建）之平闇天花（图98），为我国现存古代木建筑之最早实物。据梁思成先生调查，此乃以每面宽10厘米之方楞木，构成20厘米×20厘米之空格网，其后再覆以木板。殿中内槽与外槽之天花，均系同一做法，即无藻井与天花之区别。惟槽内每间平闇之中央以四方格组成一八角形之图形，似为求得单调中的变化。平闇四周另以峻脚椽及木板构作斜面，形成类同覆斗形天花式样。此种乃小方格组成的“平闇”，又见于山西平顺海会院明惠大师墓塔中。另若墓室顶为穹窿形状，则在其表面绘以日月星辰，例见陕西乾县唐永泰公主墓（图98），迟建于上述大殿127年之辽独乐寺观音阁（河北

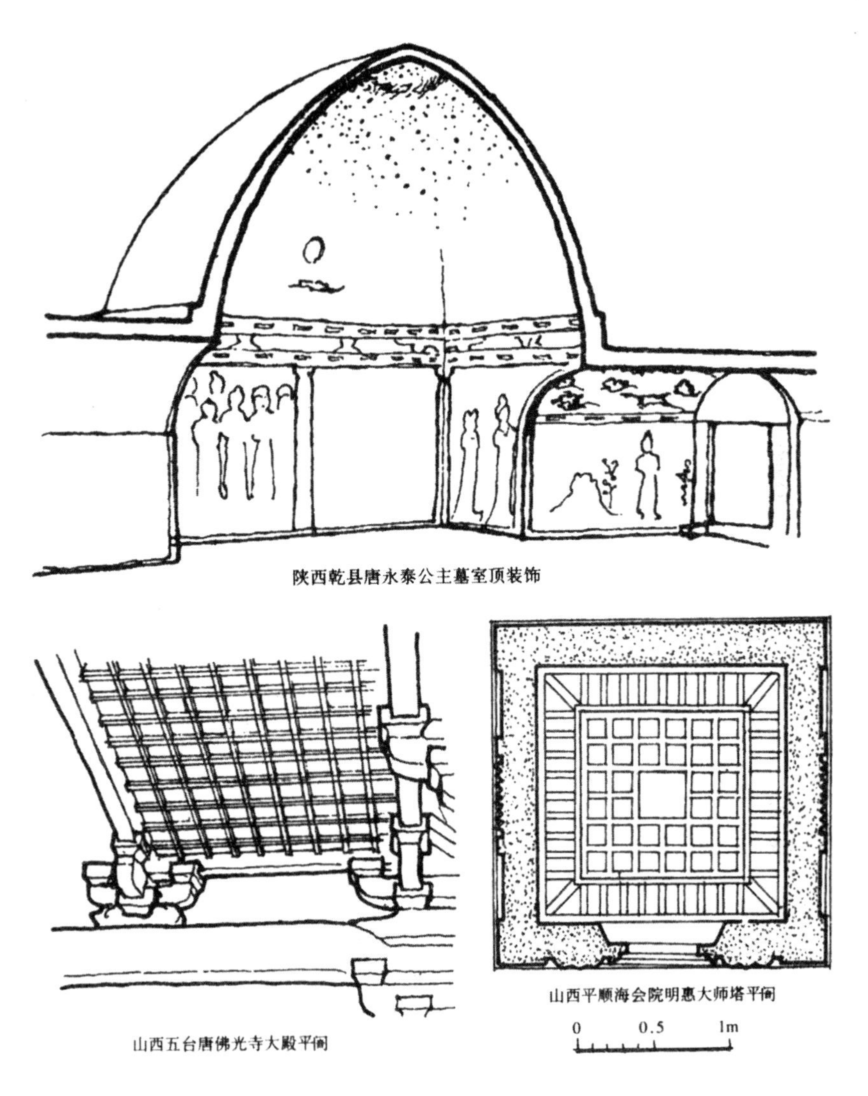

图98　唐代天花、藻井

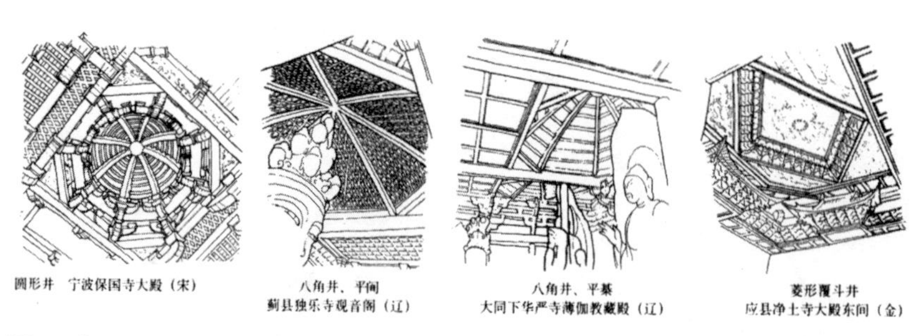

图99 宋、辽、金代天花、藻井

蓟县），其外槽天花亦采取同样形制，但在内槽高16米之十一面观音塑像之上，则构以六角攒尖式藻井，且棂格也易为三角形。山西大同下华严寺之薄伽教藏殿亦为辽代遗构（公元1038年），其天花为平棊式样，而藻井则为八角攒尖（图99）。宋《营造法式》中所载天花，已有平棊与平闇两种，藻井则有斗四与斗八。此类典型式样，常见于两宋时期仿木构之砖、石建筑中，如江苏苏州云岩寺塔（俗称虎丘塔）及报恩寺塔（又称北寺塔）等。而于木构实例，则更有所发展。如浙江宁波保国寺大殿，系创于北宋之巨构，其殿内之藻井，于斗八中再置八瓣圆形平面之斗尖。而周旁之平闇，亦有方格与菱形格两

图100 大同云冈石窟藻井

图101 河北正定隆兴寺摩尼殿内天花

图102 河北定县开元寺塔藻井（宋）

种。整个造型，甚为活泼生动（图99）。北朝、唐、宋石窟、塔、殿中天花、藻井之其他实例，可参见图100—104。金代建筑之天花、藻井，其华丽程度又胜于赵宋。以山西应县净土寺大殿为例（图105），此建筑虽属三间之小殿，但天花、藻井之精美，国内无出其右者。各间先于周边施方形与矩形之平棊，上建缩尺殿宇之“空中楼阁”，中央再置斗四与斗八之藻井，承以斗拱。最上为八边形平顶，饰以双龙戏珠图案。元代木建筑尚有施平闇者，但为数已不多。如苏州云岩寺二山门。明代以降，平闇已成绝响，凡建筑之天花概施平綦。其藻井除承袭历代形式外，又有以小斗拱连缀呈螺旋形，曲旋迢绕直上者，例见四川南溪李庄之旋螺殿。

另一种天花形式称为轩顶，系于建筑之草架下再做卷棚或两坡式顶棚，下施明栿、童柱（或驼峰）、椽及望砖（或

图103　河北定县开元寺藻井（宋）

图104　四川广元千佛崖石窟藻井（唐）

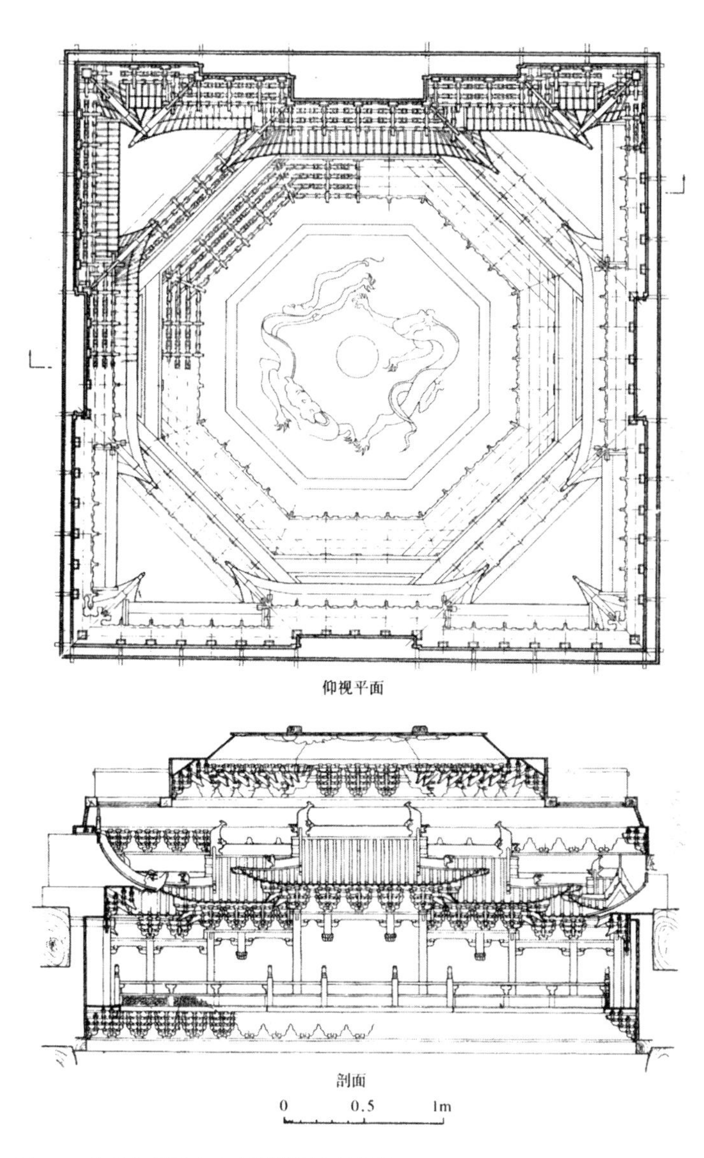

图105　山西应县净土寺大殿明间中部藻井

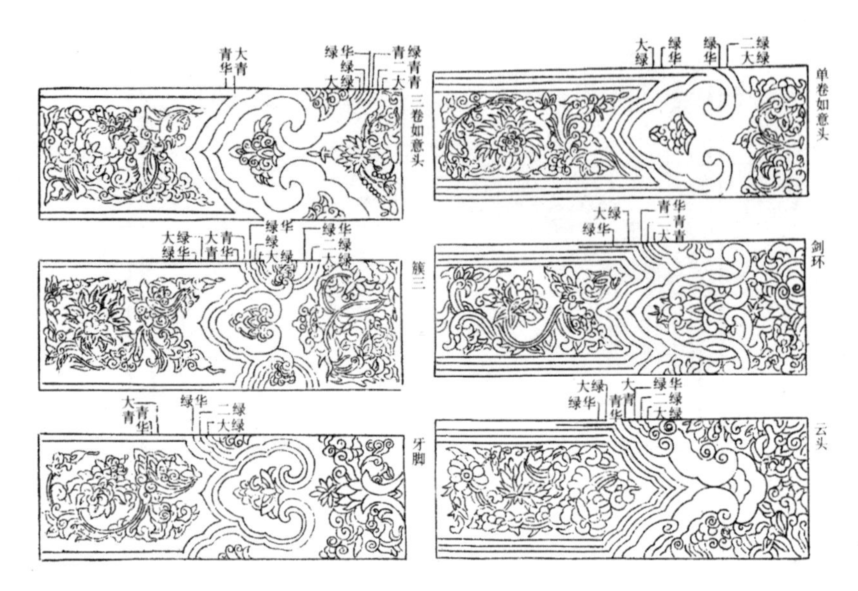

图106　宋《营造法式》彩画图案

望板）。此式构造于江南明、清住宅、园林中尤多，而寺庙、祠堂亦有用者。

（四）罩

罩为室内隔断之一种，多用硬木透雕成树藤、花草、人物、鸟兽等形象，再拼合而成。其木质纹理优美者，常不髹漆。构图也较自由，而不全采用对称方式。依其外形，有落地罩、圆光罩、栏杆罩、床罩、单边罩、飞罩（图108—110）等多种。现置江苏苏州耦园水阁“山水间”中之“岁寒三友”落地罩，为苏州目前已知最宏巨与精丽者。此罩广4.45米，高3.55米，以缠绕之松、竹、梅为构图主题，雕刻甚为巧致，形象亦极逸雅，故于当地有“罩王”之称。

罩之使用于室内，由于其本身形状与构造关系，并未能起完全阻绝

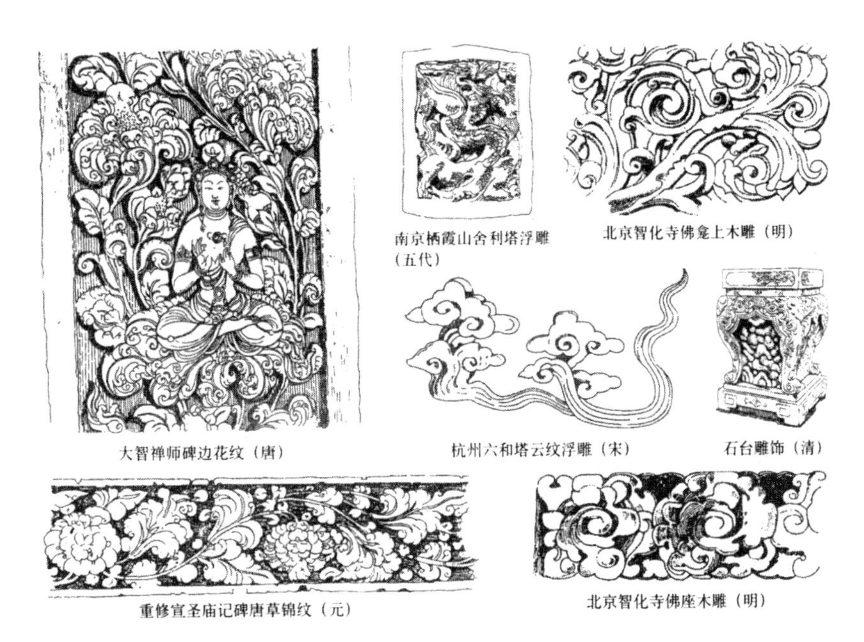

图107　历代建筑装饰花纹

空间之作用。但此种似隔非隔形式，对室内空间之组织，较之全封闭的屏板或槅扇，显得更为灵活。加以罩体又具有很强的装饰性，因此在宫廷、住宅和园林中被广泛予以应用。实例如北京故宫西六宫之翊坤宫及苏州耦园、留园、狮子林等处皆有。

（五）坐栏

最通常之做法为省略栏杆之望柱与扶手，然后扩展栏板上部之盆唇，使其成为可供人众坐息之所在。此类坐栏之置放地点，多在走廊或檐下列柱之间。所用材料以砖、石、木材为常见。

另一较复杂之坐栏除仍扩展其盆唇外，还保留栏杆之扶手，但将其移向外侧，再承以弯曲之支撑，故有“鹅颈椅”之称。于江南民间，又

图108　清宫殿室内装修示意图

图109 北京故宫储秀宫炕

名为“吴王靠”或“美人靠”。此式坐栏全由木构，或建于住宅之楼堂，或置于园林之亭阁，凌风依水，别有佳趣。宋画《西园雅集图》中即有此项坐栏之描绘。因其造型纤巧，雕饰崇丽，又常成为建筑重点装饰所在。如皖南明、清若干民居，其内院楼居之窗下即采用此种构造。

（六）挂落

通常施于走廊或建筑外檐上部柱头之间，仅供装饰而无结构作用。其形体空透扁狭，在大多数情况下，均采用由木条组成之灯笼框或卍字形图案，外观甚为轻巧明快。挂落之左、右及上方，各周以较粗之边框，框上预留孔洞以纳入插销，使与额枋及柱身固着。

六、建筑装饰

建筑之外观美，主要依靠其整体与各局部比例尺度与体量之均衡，以及所施各种建筑材料质地与色彩之对比。为了强化其效果，往往又在建筑的某些部分，使用若干附加的色彩、图案、雕饰……所用材料，则来自天然矿物染料、植物提炼、金属制品、纺织物等等。

据《论语》所载“山节藻棁”，知至少在春秋时，已于木建筑之坐斗（即节）与童柱（即棁）上绘有山形和藻类的彩画。而《礼记》则有“楹：天子丹，诸侯黝、大夫苍、士黈”之记述，表明社会的不同阶级已在建筑结构的主要支承体——柱上，以不同的色彩表现其严格的等级制度了。根据出土的东周半瓦当与瓦钉，其表面纹饰已有同心圆、涡纹、蕨纹、S纹、饕餮纹、尖瓣纹等多种。

战国至秦，长期的兼并战争亦推动了建筑的发展。诸侯竞构宫室，争尚豪华，室内地面已铺模印多种纹样之大型方砖，梁、枋与柱头交汇处亦使用有锯齿形之铸铜套饰金釭。此外，具有山形及饕餮形饰之陶制勾阑及虎头形陶排水管，并见于河北易县燕下都遗址。又秦咸阳宫中，也发现墙面绘有壁画及地面涂朱的残迹。而河南信阳长台关1号战国墓出

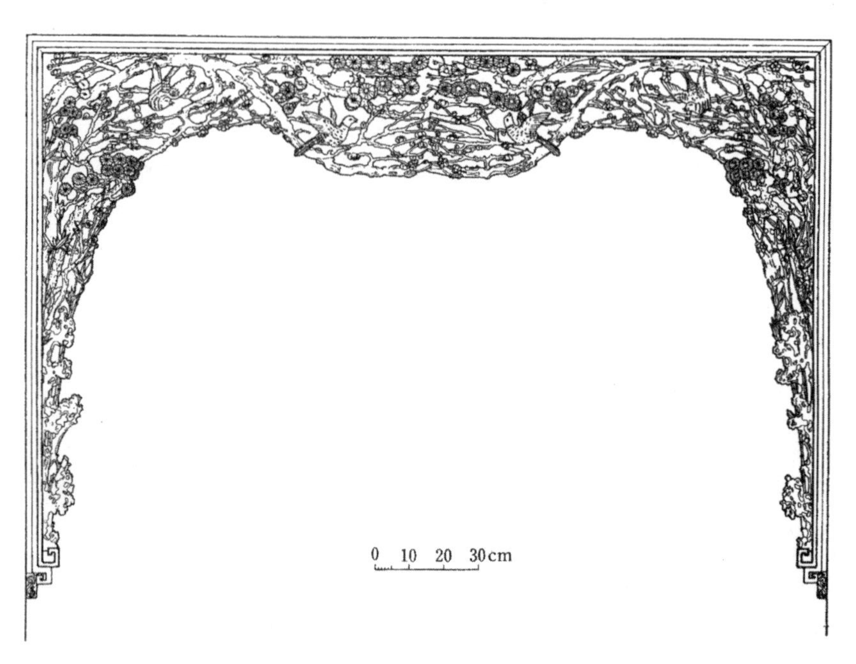

图110 苏州拙政园留听阁飞鸟罩

土之编钟木架及雕花木几，表面施有蕨纹、三角纹样，并承以变断面之立架，说明当时之家具已甚注意形体与装饰之美观。

汉代文献中有关建筑之记载渐多，其中亦不乏建筑装饰之描绘。尤以武帝所宠赵飞燕居住之昭阳宫最为奢侈。《西汉会要》内载："……其中庭彤朱，而殿上髹漆。切皆铜沓，冒黄金涂，白玉阶，壁带往往为黄金釭，函蓝田璧，明珠、翠羽饰之"。而《西京杂记》于上述之后，尚有补充："……上设九金龙，皆啣九子金铃，五色流苏带，以绿文紫绶金银花镊。……窗扉多是绿琉璃，亦皆达照毛发，不得藏焉。椽桷皆刻作龙蛇，萦绕其间……"另班固《西都赋》中之记汉宫："……屋不呈材，墙不露形，裛以藻绣，络以纶连，隋侯明珠，错落其间，金釭啣璧，是为列钱……"其他文赋中所载尚多，于此未能一一尽述。由此可知，汉宫殿堂之地面常涂为红或黑色，墙面与木构之建筑材料均不暴露在外，而采用粉刷、金釭、珠玉、绵绣装饰。台基砌以文石（见《西汉会要》），琢玉石为碩以承柱（班固《西都赋》），角梁与檐椽或施以雕刻，或涂以彩绘，有的还在椽头置玉璧为饰（《西汉会要》及《西都赋》）。室内梁架，常做成屈曲之"虹梁"式样。屋顶之脊，或于端部隆起如鳍，即《汉书》武帝纪中所述之鸱尾形象，亦屡见于出土之汉代陶屋明器。正脊中央，有立铜雀为饰者，亦得之于汉画像石及班固《西都赋》。至于汉代陶瓦之瓦当纹饰，除主要以蕨纹及其形形色色之变种外，另有施青龙、白虎、朱雀、玄武四神，与奔鹿、飞鸿等图案，以及书有宫苑（如黄山、梁宫、上林、橐泉宫……）、官署（上林农官、关、卫……）、吉祥语（千秋万岁、长乐未央、与天无极、天降单于……）以及施于陵墓者（巨杨冢当、西延冢当……）。其方形陶地砖表面，则模印回纹、套方纹、涡纹与四神加吉祥语等，内中以规整之几何形纹样为最常见。空心砖上纹饰，概以方格、四叶纹……为主，或模印建筑（门阙……）及执兵人物、车马等形象。其置于墓门上呈三角形者，亦有施四神或其他神怪之图像。东汉时盛行之小砖拱券墓，其条砖侧面常印有波纹、列钱、菱形纹、同心圆纹，或房舍、阙楼、树木、车马出行等等，内容甚为丰富。另外，又有纪年与吉祥语者，例见1954年四川宜宾出土汉砖，上镌“永元六年（按：为东汉和帝第一年号，公元94年），宜世里宗墼，利后安乐”等字样。

佛教自东汉初已传入我国，虽其流播日益深远，但终汉之世，对于建筑上之影响究竟甚微。然经两晋至南北朝，情况即大有改观。作为佛教圣物之一的莲花，于佛教建筑中已应用甚广。下至柱础之高莲瓣（如河北定兴北齐义慈惠石柱），上至室内天花之莲花雕刻（如山西大同云冈北魏之7、9、10诸窟）,皆随处可见。而外来文化之染濡，如西番莲、毛莨叶、卷草等纹饰，以及尖形拱门与塔柱之形象，于北朝石窟中亦有较突出之表现。南朝之地面遗物极少，现存江苏南京梁代萧景墓前石表，其上部之圆形顶盖，镌有凸出之莲瓣一周，表明此时帝王之墓葬，亦已深受释教之影响矣。此外，北魏时期之瓦当，表面已施端部较尖、形体较瘦之莲瓣。而前述之北齐义慈惠石柱，其顶部小佛殿屋面之瓦当，亦镌有六出之莲瓣图像。至于墓砖之模印，除仍沿袭汉以来之钱纹、套方及同心圆等以外，两晋时又使用莲瓣、双斧、人面、鱼纹、车轮等纹样。在南朝墓中，更有以若干小砖，拼合成为大幅砖画的。如南京西善桥大墓中的《竹林七贤图》，即为最有代表性之一例。其他施于室内之装饰物，如垂幛与璎珞，亦屡见于北朝石窟，皆属宫殿居室中常用者，故可引为此时装饰之旁证。北朝石窟所示佛殿之脊饰，自石窟外檐及内部壁画之雕刻，均大体依两汉之鸱尾形式。惟正脊中央，已易朱雀为金翅大鹏。有的另附内刻火焰纹之三角形装饰，如大同云冈第9窟所示。其他如须弥座束腰壶门与下部叠涩装饰化之出现（见于南响堂山石窟及敦煌莫高窟）,勾阑之阑板施勾片造（大同云冈第9窟），以及檐柱采用梭杀形式（定兴义慈惠石柱）等等，均表示此时建筑装饰已有长足之进展。

隋、唐为我国封建社会隆盛时期之一，木架建筑之结构与构造，也已基本臻于成熟。故对建筑构件本身之装饰化，亦较前代偏于古拙之形象有所易更。以著名之佛光寺大殿为例，除明栿部分仍施虹梁外，内槽四椽栿上之驼峰，已采用具混线与尖瓣之外形。又虹梁上之半驼峰及外檐柱头铺作之耍头，其轮廓之曲线皆甚优美。铺作中斗拱与批竹昂之形体尺度及其与建筑整体之比例关系，并皆无可非议。此种无损构件之结构功能，同时又能产生良好装饰效果的手法，即使对今日的建筑师而言，也是极大的成功。在砖、石建筑方面，初唐之际仿木形象仍甚简单，如西安兴教寺玄奘法师塔建于高宗总章二年（公元669年）,二层以上之塔壁除隐起倚柱及阑额外，别无装饰。斗拱亦仅用外出耍头之“杷头绞项造”，极为简练朴素。此外，永泰公主墓（中宗神龙二年，公元706年）墓室中所表现之柱、枋、斗拱等建筑形象，均为壁画形式而非以砖、石隐出者。其他如懿德太子与章怀太子墓中亦然。贵若帝胄尚且如此，可证当时砖、石建筑之仿木程度，还处于较低水平。中唐以后，建筑装饰渐趋奢华。如山西平顺唐乾符四年（公元877年）所建之明惠大师墓塔，虽为单层石构，其整体与局部造型俱极精丽。若须弥座之壶门、角螭，塔壁之天神、垂幡，檐下混线之六角龟纹与屋面戗脊端部之兽头，塔顶之山花蕉叶、莲瓣与葫芦等，皆细致而不繁琐，华美而不伧俗，足可列为一时之代表。由敦煌壁画，知唐代建筑之台基常包砌各种图案之花砖。而实际出土之地砖，则大多仍以莲瓣与宝珠为主题。其瓦当纹样亦复如此，惟莲瓣之外形较圆润肥短，与前述北朝者区别颇大。再依诸贵胄墓中壁画，知屋盖常覆以蓝琉璃瓦，有的屋脊另为黑色。正脊中央施火珠，而无复汉、六朝之朱雀或金翅大鹏形象。九脊殿之山面已出现如意头式样之悬鱼装饰，例见李思训《江帆楼阁图》。建筑之柱础趋于低平，大多为素平或莲瓣，其施宝装莲瓣者尤其瑰丽。石刻纹样仍以卷草最多，或用海石榴，杂以佛像、迦陵频加、狮、鹿、凤等形象（图107）。敦煌诸窟壁画中又见流苏、葡萄、团窠及带状花……图案。

宋、辽、金时之建筑装饰，由汉、唐之粗犷雄丽，逐渐走向纤巧柔秀。木架建筑之大木结构至北宋已完全定型，其后遂陷于停滞而未取得任何有决定意义之突破。但砖、石结构及其相应之装饰，却得到相当大的发展。其中尤以砖、石建筑之仿木构造型，自简单而繁密，由神似而形似。举凡柱枋、斗拱、门窗等等，无不形象逼真，惟妙惟肖。例如河南禹县白沙镇一号宋墓之墓门门楼与内室之柱枋、斗拱；山西侯马金代董氏墓中之须弥座、槅扇门、檐下挂落与顶部藻井；江苏苏州报恩寺塔塔心室之上昂斗拱，皆为十分突出之物证。又河北赵县城关之北宋石幢，以规模宏巨及雕刻华美被目为全国之冠。其幢座及幢身所刻佛像、天神、狮、象、山崖、城郭、殿宇、垂幛、流苏、莲华、宝珠、火焰等，俱纤细入微，精美绝伦。建筑之石柱础，除覆盆（平素或刻卷草纹）及莲瓣外，又有刻力神及狮者（河南汜水县等慈寺大殿）。柱身有凹槽（河南登封少林寺初祖庵大殿）、瓜楞（浙江宁波保国寺大殿）以及梭形的（见《营造法式》）。斗拱中之栌斗形象亦颇丰富，有方、圆、讹角、瓜楞等多种。北朝至隋、唐盛行之“火焰门”已消失，代以由多道曲线组成之壸门。格子门之使用已渐多，除宋画中有全由方格构成之落地式样，又有见于河北涿县辽普寿寺塔之三抹头式格子门（有格心、障水板，但无腰华板）。天花、藻井之构造与装饰，亦较前代复杂华丽。其著名者如山西应县金代净土寺大殿、河北蓟县辽独乐寺观音阁、浙江宁波宋保国寺大殿等，皆已于前节有所介绍，故不赘言。此期勾阑之变化亦多，其差别集中于华板之纹样、寻杖之装饰，以及望柱头之形式。具体可参见宋代绘画及《营造法式》。又辽、金之密檐塔，并于塔下建有须弥座及勾阑、莲座等砖、石仿木之高台，较江苏南京南唐栖霞山舍利塔之形象更趋复杂，而与唐密檐塔下朴素无华之低台基大相径庭。塔之底层，有于角隅施小塔以代角柱，以及在檐口下悬如意头者，均为强化装饰之表现。

依《营造法式》所载，宋代石刻按雕刻起伏之高低，可分为剔地起突（高浮雕）、压地隐起华（浅浮雕）、减地平钑（线刻）和平素四种。彩画则分为五彩遍装、碾玉装、青绿叠晕棱间装、三晕带红棱间装、解绿装、解绿结华装、丹粉刷饰、黄土刷饰、杂间装九种。内中以五彩遍装为最高级。或以青绿叠晕为外缘，内中以红为底，上绘五彩花纹；或以红色叠晕为边，青色为底绘五彩花纹。用于宫殿、庙宇等主要建筑。第二种为碾玉装及青绿叠晕棱间装，系以青绿叠晕为外框，中为深青底描淡绿花；或用青绿相同之对晕而不用花纹。用于住宅、园林及宫殿次要建筑。第三种为以遍刷土朱再铺以各色边框，底上或绘花纹，或不绘，即解绿装至黄土刷饰四类。其中尤以刷饰之等级最低，仅用于次要房舍。第四种为两种彩画混合使用者，称杂间装。如五彩间碾玉、青绿叠晕间碾玉等。以上实物遗存不多，仅第一种见于辽宁义县辽奉国寺大殿、江苏江宁南唐二陵及河南禹县白沙宋墓。但由其种类之繁纷，可知当时装饰内容已极为丰富多彩。且其中以青绿叠晕为主者，对后世明、清之彩画影响至大。宋代彩画所用纹样（图106），有海石榴华（包括宝牙华、太平华等）、宝相华（包括牡丹华等）、莲荷华、团窠宝照（包括团窠柿蒂、方胜合罗）、圈头盒子、豹脚合晕、玛瑙地、鱼鳞旗脚、圈头柿蒂等华文九类。又有琐子、簟文、罗地龟文、四出、创环、曲水等琐文六种。此外还有飞仙（包括嫔伽）、飞禽（凤凰、鹦鹉、鸳鸯）、走兽（狮子、天马、羚羊、白象）、云文（吴云、曹云）等，种类既多，内容亦极广泛。

由宋代绘画及《营造法式》，知建筑正脊两端有施鸱尾、龙尾及兽头者，而垂脊亦施垂兽，角梁头置套兽，脊上用嫔伽及蹲兽。正脊中央另施火珠。鸱尾下侧已有龙口吞脊之形象，如河北蓟县辽独乐寺山门及山西大同华严下寺辽薄伽教藏殿壁藏，皆作如是之表现。此时陶瓦当之纹饰，除仍有莲瓣、宝珠纹外，施兽面者渐多。但滴水尚为垂唇式样，有的下缘已呈尖状之波浪形。

元代建筑之装饰较两宋为蜕化，惟琉璃之制作有所进步。今日山西诸地之元代建筑，其琉璃正吻与脊尚有不少实例，色彩及构图亦有较多变化。如鸱吻之鱼尾渐转向外侧，遂开明、清此式之先河。对大木构件本身之装饰则甚少考究，宋代流行之多种柱础及柱体形式已不复使用，制作亦较草率。石刻以北京居庸关云台之拱门为最佳。其圆券下门道仍作成圭形，券石上刻金翅大鹏、白象、神人及莲瓣等。而门道内浮雕之四大天王，造型威武，形象生动，构图丰富，刀法流畅，可列为我国浮刻之杰作。此外，元代之壁画亦具相当高湛水平，尤以山西芮城永乐宫诸殿之道教壁绘最为著名。其五百值日神像各具特色，容颜迥异，线条猷劲，颇存唐吴道子风格。考壁绘之使用，于原始社会已有，内容多为当时生活之写照（如狩猎等）。后至商代，则有绘山川、鬼神于其宗庙之记载。最早之壁画实物均见于汉墓，如内蒙古自治区和林格尔出土者，描绘为城郭、官寺、井栏等内容。而河北望都1号墓则为官吏形象。南北朝迄于隋、唐，石窟及佛寺殿阁中以梵像及各种经变为主题之壁绘甚为流行。其中且不乏名家手笔，如顾恺之、吴道子辈。降及宋、金，此风渐衰。元代更稀，除前述永乐宫外，尚有洪洞广胜下寺明应王殿中表现元代戏曲演出之“太行散乐忠都秀在此作场”民间壁画。虽其内容与所在建筑无关，但亦可自另一角度了解当时壁绘之状况。明、清佛寺仅有少数具此项艺术内容，然其构图及笔法均甚伧俗，与元代及以前者不啻天壤之别也。

自明代起，官式彩画以蓝、绿为主调。清代更规定蓝、绿上下或左右相间原则。又根据其制式及使用情况，依次划分为和玺、旋子、苏式与箍头四类。和玺彩画用于最高级与隆重建筑，特点是贴金多并采用龙、凤及衍眼图案。旋子彩画又分为石碾玉、大小点金、雅乌墨等多种，应用范围最广。苏式彩画施于住宅、园林，形式较为自由。箍头彩画限于柱头，变化最小。除彩画等级须与建筑等级一致外，彩画本身图案之比例及形状，亦皆有严格之规定。如清代梁枋彩画枋心占全长1/3，而明代北京智化寺者占1/4。清代旋子已全部作圆涡形，明代则形体较扁，且保有西番莲原意。又于彩画施沥粉贴金，使其轮廓线条具立体感，亦是清代中叶以后才出现的，是冀以增强装饰效果的新手法。又如须弥座之装饰，其束腰部分取消壶门与间柱，而于角柱内侧及束腰中央采用卷草纹之带状装饰。此项卷草纹于明代较为圆和，而清代则较为方硬。明代南方建筑常于须弥座束腰之角隅施竹节形小柱，其龟脚则刻扁长且简化之如意纹。檐枋下之雀替或雕以龙首或鱼身式样。梁之童柱下，则承以方形刻海棠纹或圆形雕莲瓣之托座。单步梁或作屈曲形，檐下常施浮刻或透雕之斜撑。某些地区（如皖南）之民居与祠堂，亦有使用外观极为秀美之梭柱，以及圆形断面之曲梁者。石柱础常为多层之雕刻，平面有方、圆、八角、多边等。雕刻内容有莲瓣、花卉、狮、瓜楞……部分石础上，尚有施木櫍者。槅扇之槅心，较高级之官式建筑多采用四椀菱花，用方格或斜格亦不在少数，尤以明代为甚。清代则盛行灯笼框式样。木刻与砖雕亦达到很高水平，其中苏南、皖南最为突出，如门楼之砖雕，栏杆华板、滴珠板及槅扇绦环板与裙板之木刻，有楼阁建筑、人物、动植物及几何纹样等（图107），内容或为历史故事、神话传说、吉祥征兆，变化多端，令人目不暇接。此外，园林建筑中之漏窗棂格，仅苏州一地即有百余种之多。此皆以薄砖、瓦或竹条、木片涂泥，构为几何纹、人物、鸟兽、花木等形象，亦极丰富多彩。又地面铺地，系以卵石、碎砖瓦或陶瓷片，就其色泽、大小与结合之不同，组成众多图案。屋面做法之定型，于清代之《工部工程做法则例》中已有明确规定。其隆重建筑用琉璃瓦及筒子脊，并成为定制。如正脊用兽吻，垂脊用兽头，角脊上用仙人走兽等。其形制及大小、数量，均有规可循。民间之小瓦屋盖，其正脊之脊饰，亦有清水、纹头、哺鸡、皮条、空花等多种。硬山山墙头之做法，除北方使用水磨砖搏风之典型式样，尚有南方呈阶梯形之马头墙以及弯曲之“猫拱背”等形式。而园林之院墙，其上部又有作波浪形者，谓之“云墙”。住宅、园林之洞门，式样亦甚众多，有月洞、圭形、叶形、瓶形等。其边框施以灰色水磨砖，与白色或黑色之墙壁，形成鲜明对比。

（本文为未刊稿，写作年代不详。似将宋、清式营造法主要内容予以糅合扩廓，而为研究生讲授者。）